国家重点图书

专家为您答疑丛书

# 户用沼气安全使用百问百答

李　力　主编

中国农业出版社

**图书在版编目（CIP）数据**

户用沼气安全使用百问百答/李力主编．—北京：中国农业出版社，2012.7（2014.3 重印）
ISBN 978-7-109-16857-2

Ⅰ.①户…　Ⅱ.①李…　Ⅲ.①农村—沼气利用—安全教育—问题解答　Ⅳ.①S216.4-44

中国版本图书馆 CIP 数据核字（2012）第 111725 号

中国农业出版社出版
（北京市朝阳区农展馆北路 2 号）
（邮政编码 100125）
责任编辑　何致莹　黄向阳

---

北京中兴印刷有限公司印刷　　新华书店北京发行所发行
2012 年 7 月第 1 版　　2014 年 3 月北京第 2 次印刷

---

开本：850mm×1168mm　1/32　　印张：6.25
字数：152 千字　　印数：6 001～16 000 册
定价：15.00 元

**主　　编**　李　力

**副 主 编**　徐兆波　王运智　唐正亮

杨青贤　刘　勇　祁晓文

**参　　编**　朱宪阔　王云辉　李　焱　耿　萍

韩关辉　万玉静　王士斌　张　正

崔孝荣　闫萍萍　刘　雪　杨海波

宋开斌　徐玲娜　李　晶　赵丽娜

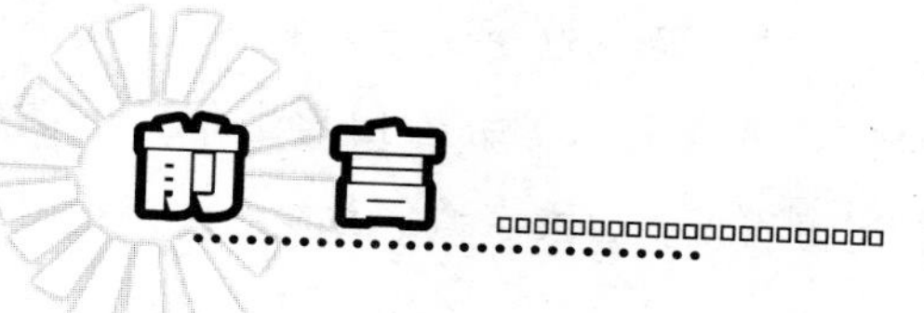

# 前言

近期以来，由于党和国家一系列惠农强农政策的落实，我国农业的综合生产能力进一步提高，农业生产条件和基础设施不断改善，科学技术得以广泛应用，农民收入不断增加，新农村建设步伐显著加快。特别是随着农村清洁工程的实施，促进了农村资源“减量化、再利用、再循环”的良性进程，其中沼气建设作为重要环节，发挥了沼气可再生能源的重要作用。改变了农村脏乱差的落后局面。

目前，我国农村沼气发展驶入了快车道，到 2008 年全国户用沼气达 3 000 万户，大中型沼气工程 5 000 个。以山东为例，2010 年建设户用沼气 200 万户，大中型沼气工程 550 个，大多数农村实现了“三废”（粪便、秸秆、生活垃圾及污水）变“三宝”（燃料、肥料、饲料）的良性循环，达到了家园、田园、水源清洁的目的，促进了农村生产、生活、生态的和谐发展，提高了生态文明水平。

沼气研究利用已有几十年的历史了，但由于资金投入不足，农村条件制约，建设管理落后，沼气知识普及不到位，存有一定的不安全因素，稍不慎，即会出现事故损失。

为了普及沼气知识，安全使用沼气这种新型能源，特聘请资深专家和有丰富实践经验的沼气科技工作者编著了《户用沼气安全使用百问百答》一书。对户用沼气池建设、配套器具、安全使用、科学管理、故障排除、液渣利用等方面问题进行了系统答疑。内容科学适用、叙述简明扼要、文字通俗易懂，是户用沼气朋友的良师益友。

对书中引用文献资料的作者表示感谢。

鲁　杨
2012年4月

# 目录

# 第一章　沼气基本知识

## 1. 什么是沼气?

人们经常看到，在沼泽地、污水沟或粪池里有气泡冒出来，如果我们划着火柴，可以把它点燃，这就是自然界天然产生的沼气。由于这种气体最先是在沼泽中发现的，所以称为沼气。

沼气是各种有机物质（如人、畜和家禽粪便以及农作物秸秆、有机垃圾、工业废液渣等废弃物）在隔绝空气（还原条件），并且在适宜的温度、湿度和酸度下，经过多种微生物的发酵作用产生的一种可燃性气体。

沼气不仅在自然界中能够产生，而且用人工的方法，创造沼气发酵适宜的环境，也能够制取沼气。人类对沼气的研究已有百年的历史，我国于 20 世纪 20—30 年代研制出了沼气生产利用装置。近几十年来，沼气发酵技术已被广泛用于处理农业、工业以及人类生活所产生的各种有机废弃物，并为人类生产和生活提供了大量的可再生能源。

## 2. 沼气的主要成分有哪些?

沼气是一种混合气体，其成分不仅取决于发酵原料的种类及相对含量，而且随发酵条件及发酵阶段的不同而变化。当前使用的沼气发酵原料有：农村养殖场废弃物、农业作物废弃物、糖厂和酒精厂等工业生产废弃物以及有机生活垃圾等。

不同的原料及发酵过程产生的沼气成分变化很大。但是，无论哪种方法产生的沼气，其主要成分都是甲烷（$CH_4$）和二氧化碳（$CO_2$）。沼气由50%～70%甲烷（$CH_4$）、30%～40%二氧化碳（$CO_2$）、0～2%一氧化碳（CO）、0～7%氢气（$H_2$）、0～4%氮气（$N_2$）、0～4%氧气（$O_2$）和0～0.1%硫化氢（$H_2S$）等气体组成。

由于沼气含有少量硫化氢，所以略带臭味。沼气特性与天然气相似，空气中如含有8.6%～20.8%（按体积计）的沼气时，就会形成爆炸性的混合气体。

## 3. 沼气有哪些性质？

沼气是一种无色、有臭、有毒的可燃混合气体，其物理性质由组成沼气的单一气体的性质和相对含量来确定。沼气中各单一组分的物理特性见表1-1。

沼气的密度是指单位体积沼气所具有的质量，一般是指在标准状态下（温度为0℃，压力为1标准大气压的状态）的密度，单位为千克/米$^3$。沼气的密度可以根据沼气的成分，利用沼气中各单一组分的密度来计算，各单一气体的密度列于表1-1。

表1-1　沼气各组分的理化性质

| 项　目 | $CH_4$ | $H_2$ | $O_2$ | $N_2$ | $H_2S$ | $CO_2$ | CO |
|---|---|---|---|---|---|---|---|
| 相对分子质量 | 16.04 | 2.016 | 32.0 | 28.0 | 34.076 | 44.0 | 28.0 |
| 容重（千克/米$^3$） | 0.717 4 | 0.089 9 | 1.429 | 1.250 | 1.536 3 | 1.977 1 | 1.250 6 |
| 相对密度（空气） | 0.554 | 0.069 5 | 1.105 | 0.967 | 1.188 | 1.528 9 | 0.967 1 |
| 临界温度（℃） | −82.5 | −240 | −118 | −147 | 100.4 | 31.1 | −140.2 |
| 临界压力（兆帕） | 4.58 | 1.29 | 5.04 | 3.39 | 8.93 | 7.38 | 3.50 |
| 低热值(兆焦/米$^3$) | 38.87 | 10.78 | — | — | 23.36 | — | 12.64 |
| 高热值(兆焦/米$^3$) | 39.81 | 12.74 | — | — | 25.36 | — | 12.64 |

沼气的相对密度是指沼气的密度和空气的密度之比。沼气的相对密度随沼气中 $CO_2$ 含量的变化而变化。当 $CO_2$ 含量达到50%时，沼气的相对密度大于1，此时沼气的密度比空气大；当 $CO_2$ 含量占40%时，沼气的相对密度小于1，此时沼气的密度比空气小。

沼气中一般都含有不同程度的水蒸气，尤其是采用高温、中温发酵时，沼气中水蒸气含量较多。1标准米$^3$ 沼气中所含有的水蒸气重量，称为沼气的绝对湿度。绝对湿度只表示湿沼气中实际所含水蒸气的多少。

**(1) 甲烷（$CH_4$）的性质**　甲烷是沼气燃烧的主要成分，影响着沼气的特性。甲烷在常温下是一种无色、无臭、可燃、微毒的气体，是1个碳原子与4个氢原子所结合的简单碳氢化合物。

甲烷气体比较轻，它的相对密度是0.554 7（0℃），比空气约轻一半。甲烷的溶解度很少，在20℃、0.1千帕时，100单位体积的水，只能溶解3个单位体积的甲烷。甲烷较难液化，在−82.5℃、4 640.7千帕下，才能液化，体积变为原体积的1%。

甲烷是简单的有机化合物，是优质的气体燃料。甲烷燃烧时呈蓝色火焰，最高温度可达1 400℃左右，并放出大量的热量。空气中如混有4%～5%的甲烷气体，遇火就会发生爆炸。

甲烷无毒，但浓度过高时，使空气中氧气含量明显降低，使人窒息。因此在利用沼气时要注意安全。

**(2) 二氧化碳（$CO_2$）的性质**　$CO_2$ 是空气中常见的化合物，常温下是一种无色、无臭的气体。$CO_2$ 能溶于水，溶解度为每100克水0.144克（25℃）。$CO_2$ 比空气重，在标准状况下密度为1.977克/升，约是空气的1.5倍。$CO_2$ 无毒，但空气中 $CO_2$ 含量过高时，也会使人因缺氧而发生窒息。$CO_2$ 被认为是造成温室效应的主要因素。

**(3) 硫化氢**（$H_2S$）**的性质** 硫化氢是一种无色、有毒的可燃性气体，具有强烈的臭鸡蛋气味，沼气中的臭味主要是由于沼气中含硫化氢所致。硫化氢的熔点是－83℃，沸点是－60.3℃，相对分子量是34.076，相对密度是1.188。硫化氢对金属有较强的腐蚀性。

沼气中含有的硫化氢会对环境和人体造成危害，为减少沼气中硫化氢气体的腐蚀，防止硫化氢造成的伤害，在沼气利用之前要除去其中的硫化氢。

## 4. 沼气有哪些用途？

沼气的主要成分甲烷是一种理想的气体燃料，它无色无臭，与适量空气混合后即可以燃烧。每立方米纯甲烷的发热量为34兆焦，每立方米沼气的发热量为20.8～23.6兆焦。即1米$^3$沼气完全燃烧后，能产生相当于0.7千克无烟煤提供的热量。沼气可以用来炊事、照明、房屋取暖，农村家用沼气池生产的沼气主要用来作生活燃料。一户3～4口人的家庭，建一口容积为8米$^3$左右的沼气池，只要发酵原料充足并管理得好，就能解决点灯、煮饭的燃料问题。

在农业生产中，沼气可以用于温室保温、烘烤农产品、防蛀、储备粮食、水果保鲜等。沼气还可用于燃气发电、烧锅炉、加工食品、采暖或供给城市居民使用。

**(1) 沼气发电** 大、中型沼气工程生产的沼气可以用于发电。沼气发电是随着大型沼气池建设和沼气综合利用的不断发展而出现的一项沼气利用技术，它将厌氧发酵处理产生的沼气用于发动机上，并配以综合发电装置，以产生电能和热能。沼气发电技术提供的是清洁能源，可对有机废弃物进行综合利用、保护环境、减少温室气体的排放，而且变废为宝，产生大量的热能和电能，符合能源再循环利用的环保理念，同时也会带来巨大的经济效益。

沼气发电在发达国家已受到广泛重视和积极推广，生物质能发电并网在西欧一些国家占能源总量的10%左右。在我国，沼气发电机组已形成系列化产品，目前国内8～5 000千瓦各级容量的沼气发电机组均已先后鉴定和投产，主要产品有全部使用沼气的纯沼气发动机及部分使用沼气的双燃料沼气—柴油发动机。

**（2）在种植业中的应用** 近年来，我国北方地区推广的“四位一体”能源生态蔬菜温室，就是将种植、养殖与生物质能利用和太阳能利用有机结合的沼气能源生态模式。沼气在蔬菜温室中的应用主要有两方面：一是利用沼气燃烧释放的热量为温室保温增温；二是燃烧沼气后产生$CO_2$，作为气体肥料，促进蔬菜作物生长。农作物进行光合作用合成有机物时，$CO_2$是主要碳源，作物生长最适宜的$CO_2$含量为0.11%～0.13%，而大气中的$CO_2$浓度通常在0.03%左右，因此加大温室内$CO_2$浓度可促进蔬菜的生长，大大提高蔬菜的产量。

**（3）在养殖业中的应用** 沼气可用于温控孵鸡、沼气灯养鸡、沼气温控孵化鹌鹑、沼气温控养蛇，将沼气应用于养殖过程中，实现废弃物的循环利用，提高综合效益。

应用沼气养蚕是利用沼气燃烧给蚕室加温，以满足家蚕饲养对温度的要求。利用沼气为燃料，一方面减少煤炭用量，降低养蚕成本，另一方面避免了用煤加温带来的蚕室一氧化碳含量高、温控不稳定等问题。用沼气灯给蚕种感光收蚁和温室加温可以缩短饲养周期、提高蚕茧产量和质量。

**（4）烘烤农副产品** 利用沼气可以烘烤莲子，烘干玉米、棉花，烘制花茶，沼气灯保温贮藏甘薯等农副产品。我国广大农村主要靠日晒干燥粮食及农副产品，收获后如果遇到连阴雨天气，往往造成霉烂。干燥是一些农副产品加工的重要环节，一般以煤作燃料加热烘房，存在煤耗量大、卫生条件差、成本高等问题。采用沼气为燃料替代煤，具有设备简单、操作方便、工效高的优点，降低了运行成本，改善了卫生条件，可以有效地减少遇雨霉变的损失。

**（5）贮藏粮食** 沼气除作为能源利用之外，还可作为环境气体调制剂，用于粮食、种子的灭虫贮藏和果品蔬菜的保鲜贮藏，简便易行，投资少，经济效益显著。沼气贮粮是根据气调贮藏的原理，利用沼气含氧量低的特性，将沼气输入粮仓而置换出空气，造成低氧环境，致使粮仓中的害虫窒息而死。该方法具有简单易行、操作方便、投资少、无污染、防治效果好等优点，既可为广大农户采用，又可在中、小型粮仓中应用。

用沼气气调贮藏粮食，能够有效杀死玉米象、拟谷盗、绿豆象等主要粮食害虫。用沼气气调贮藏稻谷，出糙率增加0.93%，害虫灭杀率达到99%，用沼气气调贮藏柑橘、甜橙150天，平均好果率达90%，失水率5%～7%，经过沼气贮藏的柑橘、甜橙外观新鲜饱满，保持了鲜果的风味。

农户在用沼气贮藏粮食过程中，应当注意要经常检查整个系统是否漏气，保证安全；为防止火灾和爆炸事故发生，严禁在粮库周围吸烟、用火；沼气管内若有积水，应及时排出；沼气池的产气量要与通气量配套，若沼气池产气量或贮气量不够，可连续两天输入沼气，同时加强沼气池管理，多进料、多产气，以满足需要。

## 5. 什么是沼气发酵?

沼气发酵又称为厌氧消化、厌氧发酵，是指有机物质（如人、畜、家禽粪便、秸秆、杂草等）在一定的水分、温度和厌氧条件下，通过各种沼气发酵微生物的分解代谢，最终生成沼气的过程。沼气发酵是一个复杂的微生物学过程，只有存在大量的沼气微生物，并使各种群的微生物得到最佳的生长条件，各种有机物原料才会在微生物的作用下转化为沼气。

微生物是沼气发酵的核心，只有了解参加沼气发酵的多种微生物活动规律、生存条件及作用，并按照微生物的生存条件、活动规律去修建沼气池，收集发酵原料，进行日常管理，使参加发酵的各种微生物得到最佳的生长条件，才能获得较多的产气量和沼肥，满足生产、生活的需要。

## 6. 沼气发酵微生物是怎样分类的？

沼气发酵微生物是一个统称，包括发酵性细菌、产氢产乙酸菌、耗氢产乙酸菌、食氢产甲烷菌、食乙酸产甲烷菌五大类群。这些微生物按照各自的营养需要，起着不同的物质转化作用。前三类群细菌的活动可使有机物形成各种有机酸，将其统称为不产甲烷菌；后二类群细菌的活动可使各种有机酸转化成甲烷，将其统称为产甲烷菌，沼气微生物的分类如图 1-1 所示。

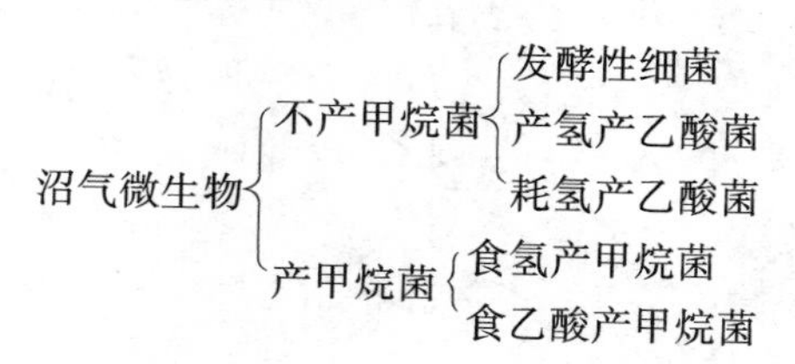


图 1-1 沼气微生物的分类

在沼气发酵过程中，五大类群细菌构成一条食物链，从复杂有机物的降解，到甲烷的形成，就是由它们分工合作和相互作用而完成的。从各群细菌的生理代谢产物或它们的活动对发酵液 pH（酸碱度）的影响来看，沼气发酵过程可分为水解、产酸和产甲烷阶段。

**（1）不产甲烷菌** 不产甲烷菌能将复杂的大分子量的有机物

变成简单的小分子量的物质。它们的种类繁多，根据作用基质来分，有纤维分解菌、半纤维分解菌、淀粉分解菌、蛋白质分解菌、脂肪分解菌和一些特殊的细菌，如产氢菌、产乙酸菌等。

**(2) 产甲烷菌** 产甲烷菌是沼气主要成分——甲烷的产生者，是沼气发酵微生物的核心。产甲烷菌严格厌氧，对氧和氧化剂非常敏感，最适宜的pH范围为中性或微碱性。它们依靠$CO_2$和氢生长，并以废物的形式排出甲烷，是要求生长物质最简单的微生物。

根据产甲烷菌所利用的主要产甲烷底物的不同，可分为食氢产甲烷菌（图1-2）和食乙酸产甲烷菌两大类群。食氢产甲烷菌包括甲烷杆菌目和甲烷球菌目的全部及甲烷微菌目的大部分种，他们均以$H_2$和$CO_2$为底物生成甲烷，并且大部分可以利用甲酸生成甲烷。食乙酸产甲烷菌有甲烷八叠球菌（图1-3）和甲烷丝菌（图1-4）两属，它们除利用乙酸外还可利用甲醇、甲胺生成甲烷，甲烷八叠球菌的多数还可以利用$H_2$和$CO_2$生成甲烷。产甲烷菌广泛存在于水底沉积物和动物消化道等极端厌氧的环境中。

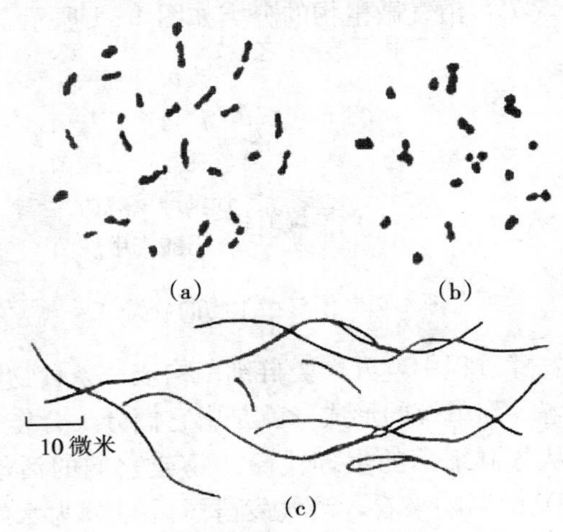


图1-2　食氢产甲烷菌

(a) 瘤胃甲烷短杆菌　(b) 沃尔塔甲烷球菌　(c) 亨氏甲烷螺菌

图1-3 甲烷八叠球菌

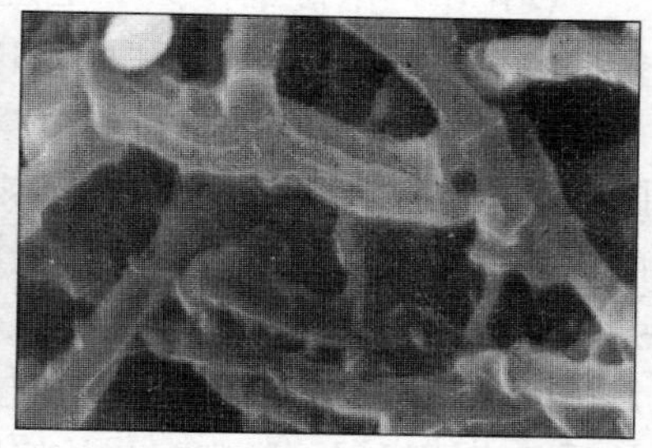

图1-4 甲烷丝菌

## 7. 沼气发酵微生物之间有怎样的相互关系?

沼气发酵是一个极其复杂的生物化学过程，包括各种不同类型微生物所完成的各种代谢途径。这些微生物及其所进行的代谢都不是在孤立的环境中单独进行，而是在一个混杂的环境中相互影响。它们之间的相互作用包括不产甲烷细菌和产甲烷细菌之间的作用、不产甲烷细菌之间的作用和产甲烷细菌之间的作用。

在沼气发酵过程中，不产甲烷细菌和产甲烷细菌之间，相互依赖，互为对方创造与维持生命活动所需要的良好环境条件，但它们之间又互相制约，在发酵过程中总处于平衡状态。它们之间的关系主要表现在下列几方面：

**(1) 不产甲烷细菌为产甲烷细菌提供生长和产甲烷所需要的基质** 不产甲烷细菌可把各种复杂的有机物，如碳水化合物、脂肪、蛋白质等厌氧分解生成氢气、二氧化碳、氨、挥发性脂肪酸、甲醇、丙酸、丁酸等。丙酸、丁酸还可被氢细菌和乙酸细菌分解转化成氢气、二氧化碳和乙酸，为产甲烷细菌提供合成细胞质和形成甲烷所需的食物，使产甲烷细菌利用这些物质最终形成甲烷。

**(2) 不产甲烷细菌为产甲烷细菌创造适宜的氧化还原电位条件** 在沼气发酵初期，由于加料过程中使空气带入发酵装置，液体原料里也有溶解氧，这显然对甲烷细菌是很有害的。氧的去除需要依赖不产甲烷细菌的氧化能力把氧消耗掉，降低氧化还原电位。在发酵装置中，各种厌氧性微生物如纤维素分解菌、硫酸盐还原细菌、硝酸盐还原细菌、产氨细菌、产乙酸细菌等，对氧化还原电位的适应性也各不相同，通过这些细菌有顺序地交替生长活动，使发酵液料中氧化还原电位不断下降，逐步为产甲烷细菌的生长创造适宜的氧化还原电位条件，使产甲烷细菌能很好地生长。

**(3) 不产甲烷细菌为产甲烷细菌清除有害物质** 以工业废水或废弃物为发酵原料时，原料里可能含酚类、氰化物、苯甲酸、长链脂肪酸和一些重金属离子等。这些物质对产甲烷细菌是有毒害作用的，但不产甲烷细菌中有许多种能裂解苯环，有些细菌还能以氰化物作碳源和能源，也有的细菌能分解长链脂肪酸生成乙酸。这些作用不仅解除了对产甲烷细菌的毒害，而且又给产甲烷细菌提供了养料。此外，有些不产甲烷细菌的代谢产物硫化氢，可以和一些重金属离子作用，生成不溶性的金属硫化物，从而解除了一些重金属离子的毒害作用。其反应式为：

$$H_2S + Cu^{2+} \rightarrow CuS\downarrow + 2H^+$$

$$H_2S + Pb^{2+} \rightarrow PbS\downarrow + 2H^+$$

**(4) 产甲烷细菌又为不产甲烷细菌的生化反应解除反馈抑制** 不产甲烷细菌的发酵产物可以抑制产氢细菌的继续产氢，酸的积累可以抑制产酸细菌的继续产酸。在正常沼气发酵系统中，产甲烷细菌能连续不断地利用不产甲烷细菌产生的氢、乙酸、$CO_2$等合成甲烷，不致有氢和酸的积累，因此解除了不产甲烷细菌产生的反馈抑制，使不产甲烷细菌能继续正常生活，又为产甲烷细菌提供了合成甲烷的碳前体。

**（5）不产甲烷细菌和产甲烷细菌共同维持环境中适宜的pH**　在沼气发酵初期，不产甲烷细菌首先降解原料中的糖类、淀粉等产生大量的有机酸和 $CO_2$，$CO_2$ 又能部分溶于水形成碳酸，使发酵液料中 pH 明显下降。但是，由于不产甲烷菌类群中的氨化细菌迅速进行氨化作用，产生的氨可中和部分有机酸。同时，由于产甲烷菌不断利用乙酸、氢和 $CO_2$ 形成甲烷，而使发酵液中有机酸和 $CO_2$ 的浓度逐步下降。通过两类群细菌的共同作用，就可以使 pH 稳定在一个适宜的范围。因此，在正常发酵的沼气池中，pH 始终能维持在适宜的状态而不用人为控制。

## 8. 沼气微生物有哪些生长规律？

生物和生命活动以新陈代谢为基础，沼气发酵微生物的生长和代谢过程分为适应期、对数生长期、平衡期、衰亡期四个时期。沼气微生物生长曲线如图 1-5 所示。

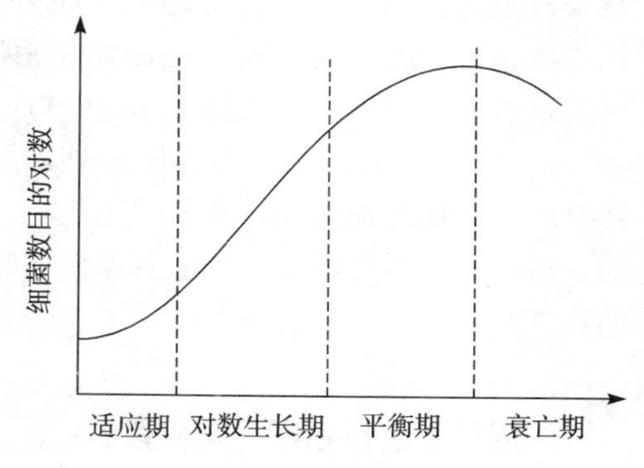


图 1-5　沼气微生物生长曲线

**（1）适应期**　菌种刚刚接入新鲜培养液中，细菌的各种生理机能需要有一个适应过程，细胞内各种酶系统要经过一番调整，这一时期细菌并不马上进行繁殖。适应期的长短与细菌的种类及环境变化条件有关。例如，繁殖速度快的酸化菌，一般适应期较短，繁殖速度慢的产甲烷菌适应期就较长。此外接种量的多少，接种物所处的生长发育阶段及其前后生活条件都对适应期的长短有所影响。

**（2）对数生长期** 细胞经过一段适应后，逐步以最快速度进行繁殖，即按1、2、4、8、16……的级数上升。这一段时间内发酵产物的增长速度随细胞数量的增加而上升。如果微生物所处的环境条件能够不断得到更新，所需的营养物质能够及时得到供应和保障，这种增长速度可以一直保持下去。这就是连续投料发酵可以获得高产气率的理论根据。

**（3）平衡期** 微生物细胞经过一定时期高速繁殖后，由于养料的消耗和代谢产物的积累，以及环境条件（如酸碱度，氧化还原势等）的变化使得细胞繁殖速度减慢，少数细胞开始死亡，因此表现在一定时期内繁殖速度与死亡速度相对平衡。这一时期发酵液内细胞总数达到最高水平，是积累代谢产物的重要时期。

**（4）衰亡期** 由于培养基中营养物质的显著减少，环境条件越来越不适宜微生物的生长繁殖，细胞死亡速度加快，以至细胞死亡数目大大超过新生数目，活菌总数明显下降。

通过以上对微生物生长规律的分析，微生物在旺盛生长期内生长的速度高，生理活性也最强，如采用这一时期的微生物进行接种就可以缩短适应期。在发酵工艺上，采用连续投料的发酵方法，可以保证微生物始终在适宜条件下旺盛生长，从而获得较高的产气量。

## 9. 沼气发酵包括哪几个阶段?

沼气发酵是一个微生物作用的过程。各种有机质（包括农作物秸秆、人畜粪便以及工农业排放废水中所含的有机物等）在厌氧及其他适宜的条件下，通过微生物的作用，最终转化成沼气，完成这个复杂的过程，即为沼气发酵。沼气发酵主要分为液化、产酸和产甲烷三个阶段进行。沼气发酵过程如图1-6所示。

**（1）液化（水解）阶段**　农作物秸秆、人畜粪便、垃圾以及其他各种有机废弃物，通常是以大分子状态存在的碳水化合物，如淀粉、纤维素及蛋白质等。他们不能被微生物直接吸收利用，必须通过微生物分泌的胞外酶（如纤维素酶、肽酶和脂肪酶等）进行酶解，分解成可溶于水的小分子化合物（即多糖水解成单糖或双糖，蛋白质分解成肽和氨基酸，脂肪分解成甘油和脂肪酸）。这些小分子化合物进入到微生物细胞内，进行一系列的生物化学反应，这个阶段叫液化阶段。

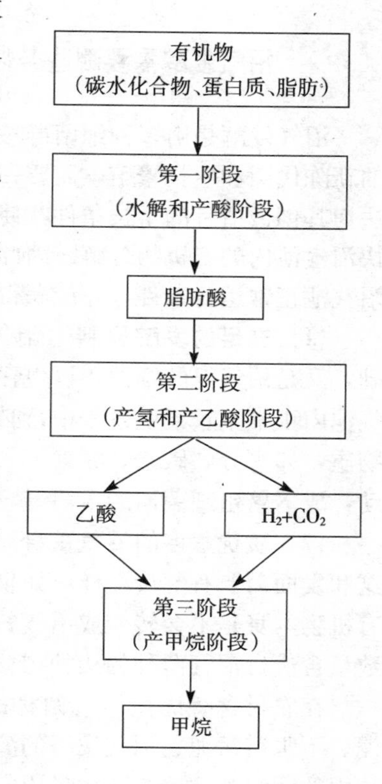

图 1-6　沼气发酵过程

**（2）产酸阶段**　液化完毕后，在不产甲烷微生物群的作用下，将单糖类、肽、氨基酸、甘油、脂肪酸等物质转化成简单的有机酸（如甲酸、乙酸、丙酸和乳酸等）、醇（如甲醇、乙醇等）以及 $CO_2$、氢气、氨气和硫化氢等，由于其主要的产物是挥发性的有机酸（其中以乙酸为主，约占 80%），故此阶段称为产酸阶段。

**（3）产甲烷阶段**　产酸阶段完成后，这些有机酸、醇、$CO_2$ 和氨气等物质又被产甲烷微生物群（又称产甲烷细菌）分解成甲烷和 $CO_2$，或通过氢还原 $CO_2$ 形成甲烷，这个过程称为产甲烷阶段。这种以甲烷和 $CO_2$ 为主的混合气体便称为沼气。这一阶段叫产甲烷阶段，或叫产气阶段。

## 10. 沼气发酵需要哪些条件？

沼气发酵是由多种细菌群参加完成的，它们在沼气池中进行的新陈代谢和生长繁殖，需要一定的生活条件，只有用人工的方法为其创造适宜的生长条件，使大量的微生物迅速繁殖，才能加快沼气池内的有机物分解。因此，只有满足微生物的生长条件和沼气池正常运行条件，才能获得高产气率和有机沼肥多的效果。

**(1) 充足的发酵原料** 沼气发酵原料是产生沼气的物质基础，又是沼气发酵细菌赖以生存的养料来源。因为沼气细菌在沼气池内正常生长繁殖过程中，必须从发酵原料里吸取充分的营养物质，如水分、碳素、氮素、无机盐类和生长素等，用于生命活动，成倍繁殖细菌而产生沼气。

**(2) 质优量多的沼气菌种** 制取沼气必须有沼气细菌才行，这和发面需要有酵母一样，如果没有沼气细菌作用，沼气池内的有机物本身是不会转变成沼气的。所以沼气发酵启动时要有足够数量含优良沼气菌种的接种物，这是制取沼气的重要条件。

在农村含有优良沼气菌种的接种物，普遍存在于粪坑底污泥、下水道污泥、沼气发酵的渣水、沼泽污泥、豆制品作坊下水沟中的污泥，这些含有大量沼气发酵细菌的污泥称为接种物。沼气发酵加入接种物的操作过程称为接种，新建沼气池第一次装料，如果不加入足够数量含有沼气细菌的接种物，常常很难产气或产气率不高，甲烷含量低无法燃烧。另外，加入足量的接种物可以避免沼气池发酵初期产酸过多而导致发酵受阻。

**(3) 严格的厌氧环境** 沼气发酵中起主要作用的是厌氧分解菌和产甲烷菌。它们怕氧气，在空气中暴露几秒钟就会死亡，就是说空气中的氧气对它们有毒害致死的作用。因此，严格的厌氧环境是沼气发酵的最主要条件之一。我们根据沼气细菌怕空气的特性，修建的沼气池除进出料口外必须严格密封，达到不漏水、不漏气，保证沼气细菌正常生命代谢活动和贮存沼气。

**（4）适宜的发酵温度** 沼气池内发酵液的温度，对产生沼气的多少有很大影响，这是因为在适宜的温度范围内温度越高，沼气细菌的生长、繁殖越快，产沼气就多；如果温度不适宜，沼气细菌生长发育慢，产气就少或不产气。

一般沼气细菌在10～60℃的范围内，均能正常发酵产气。低于10℃或高于60℃都会抑制微生物生存、繁殖，影响产气。沼气发酵可分为三种类型，即常温发酵区（10～26℃）、中温发酵区（28～38℃）、高温发酵区（46～60℃）。农村户用沼气池，一般都采用常温发酵，夏天温度高产气多，冬季池温低产气少。

**（5）适度的发酵料液浓度** 沼气池中的料液在发酵过程中需要保持一定的浓度，才能正常产气运行。如果发酵料液中含水量过少、发酵原料过多，发酵液的浓度过大，产甲烷菌又食用不了那么多，就容易造成有机酸的大量积累，结果使发酵受到抑制。如果水过多，发酵液的浓度过稀，有机物含量少，产气量就少。

农村沼气池的发酵料液浓度一般采用6%～12%。在这个范围内，沼气的初始启动浓度要低一些，便于沼气池启动。发酵料液浓度随季节的变化而要求不同，一般在夏季，发酵料液浓度可以低些，要求浓度在6%左右；冬季浓度应高一些，为8%左右。

**（6）适宜的酸碱度** 沼气发酵细菌最适宜的pH为6.5～7.5，pH在6.4以下或7.6以上都对产气有抑制作用。如果pH在5.5以下，就是料液酸化的标志，其产甲烷菌的活动完全受到抑制。如沼气池初始启动时，投料浓度过高，接种物中的产甲烷菌数量又不足，或者在沼气池内一次加入大量的鸡粪、薯渣造成发酵料液浓度过高，都会因产酸与产甲烷的速度失调而引起挥发酸（乙酸、丙酸、丁酸）的积累，导致pH下降，这是造成沼气池启动失败或运行失常的主要原因。

在沼气发酵过程中，pH变化规律一般是：在发酵初期，由于产酸细菌的迅速活动产生大量的有机酸，使pH下降；但随着发酵继续进行，一方面氨化细菌产生的氨中和了一部分有机酸，另一方面甲烷菌群利用有机酸转化成甲烷，这样使pH又恢复到正常值。这样的循环继续下去使沼气池内的pH一直保持在7.0～7.5，使发酵正常运行。所以沼气池内的料液发酵时，只要保持一定浓度的接种物和适宜的温度，就会正常发酵，不需要进行调整。

## 11. 沼气发酵工艺有哪些类型?

对于沼气发酵工艺，从不同角度有不同的分类方法。一般从投料方式、发酵温度、发酵阶段、发酵级差、料液流动方式等角度，可作如下分类：

**(1) 以投料方式划分** 根据沼气发酵过程中的投料方式不同，可将发酵工艺分为连续发酵、半连续发酵和批量发酵三种工艺。

①连续发酵工艺。沼气池发酵启动后，根据设计时预定的处理量，连续不断地或每天定量地加入新的发酵原料，同时排走相同数量的发酵料液，使发酵过程连续进行下去。发酵装置不发生意外情况或不检修时，均不进行大出料。采用这种发酵工艺，沼气池内料液的数量和质量基本保持稳定状态，因此产气量也很均衡。连续发酵工艺适用于大型的沼气发酵系统，要求有充分的物料保证，发酵装置结构和发酵系统比较复杂，造价高。

②半连续发酵工艺。沼气发酵装置发酵启动初始，一次性投入较多的原料（一般占整个发酵周期投料总固体量的1/4～1/2)，经过一段时间，开始正常发酵产气，随后产气逐渐下降，此时就需要每天或定期加入新物料，以维持正常发酵产气，这种工艺就称为半连续沼气发酵。

我国农村的沼气池大多属于半连续发酵。其中的“三结合”沼气池，就是将猪圈、厕所里的粪便随时流入沼气池，在粪便不足的情况下，可定期加入铡碎并堆沤后的秸秆等纤维素原料，起到补充碳源的作用。这种工艺的优点是比较容易做到均衡产气和计划用气，能与农业生产用肥紧密结合，适宜处理粪便和秸秆等混合原料。

③批量发酵工艺。发酵原料成批量地一次投入沼气池，待其发酵完后，将残留物全部取出，又成批地换上新料，开始第二个发酵周期，如此循环往复。这种工艺的优点是投料启动成功后，不再需要进行管理，简单省事，其缺点是产气分布不均衡，高峰期产气量高，其后产气量低，因此所产沼气适用性较差。

**（2）以发酵温度划分**　沼气发酵的温度范围一般在10～60℃，温度对沼气发酵的影响很大，温度升高，产气率也随之提高，通常以沼气发酵温度区分为：高温发酵、中温发酵和常温发酵工艺。

①高温发酵工艺。高温发酵工艺指发酵料液温度维持在46～60℃。该工艺的特点是微生物生长活跃，有机物分解速度快，产气率高，滞留时间短。采用高温发酵可以有效地杀灭各种致病菌和寄生虫卵，具有较好的卫生效果。从除害灭病和发酵剩余物肥料利用的角度看，选用高温发酵是较为实用的，但要维持消化器的高温运行，能量消耗较大。

②中温发酵工艺。中温发酵工艺适宜温度为28～38℃，与高温发酵相比，这种工艺产气率要低一些，但维持中温发酵的能耗较少，沼气发酵能总体维持在一个较高的水平，产气速度比较快，料液基本不结壳，可保证常年稳定运行。工程中常采用近中温发酵工艺，其发酵料液温度为25～30℃。这种工艺因料液温度稳定，产气量也比较均衡。

③常温发酵工艺。常温发酵工艺指在自然温度下进行沼气发酵，不需要对发酵料液温度进行控制，发酵温度受气温影响而变化，我国农村户用沼气池基本上采用这种工艺。其特点是发酵料液的温度随气温、地温的变化而变化，其缺点是同样投料条件

下，一年四季产气率相差较大。南方农村沼气池在地下，还可以维持用气量，北方的沼气池则需采取保温措施，才可确保沼气池安全越冬，维持正常产气。

**(3) 以发酵阶段划分** 根据沼气发酵分为“水解—产酸—产甲烷”三个阶段理论，以沼气发酵不同阶段，可将发酵工艺划分为单相发酵工艺和两相（步）发酵工艺。

①单相发酵工艺。将沼气发酵原料投入到一个装置中，使沼气发酵的产酸和产甲烷阶段合二为一，在同一装置中自行调节完成。

②两相发酵工艺。两相发酵也称两步发酵，或两步厌氧消化。该工艺是根据沼气发酵三个阶段的理论，把原料的水解、产酸阶段和产甲烷阶段分别安排在两个不同的消化器中进行。

**(4) 按发酵级差划分**

①单级沼气发酵工艺。产酸发酵和产甲烷发酵在同一个沼气发酵装置中进行，而不将发酵物再排入第二个沼气发酵装置中继续发酵。这种工艺流程的装置结构比较简单，管理比较方便，因而修建和日常管理费用相对来说，比较低廉。

②多级沼气发酵工艺。多个沼气发酵装置串联而成，进行多级发酵。第一级发酵装置主要是发酵产气，产气量可占总产气量的50%左右，而未被充分消化的物料进入第二级消化装置，使残余的有机物质继续彻底分解，这既有利于物料的充分利用和彻底处理废物中的有机物，也在一定程度上能够缓解用气和用肥的矛盾。

**(5) 按发酵浓度划分**

①湿发酵工艺。发酵料液的干物质浓度控制在10%以下，在发酵启动时，加入大量的水。发酵液如用作肥料，存在运输、贮存或施用不方便的问题。

②干发酵工艺。干发酵又称固体发酵，发酵原料的总固体浓度控制在20%以上，干发酵运行能耗低，用水量少，没有二次

污染，但是干发酵存在出料难的问题，不适合户用沼气采用。

## 12. 大、中、小型沼气工程是怎样分类的？

沼气工程规模分为大型、中型和小型沼气工程。沼气工程规模分类宜按沼气工程的厌氧消化装置容积、日产沼气量、配套系统的配置等综合评定。沼气工程规模分类指标见表1-2。

**表1-2　沼气工程规模分类指标**

| 工程规模 | 单体装置容积（米$^3$） | 总体装置容积（米$^3$） | 日产沼气量*（米$^3$/天） | 配套系统的配置 |
| --- | --- | --- | --- | --- |
| 大型 | ≥300 | ≥1 000 | ≥300 | 完整的发酵原料的预处理系统；沼渣、沼液综合利用或进一步处理系统；沼气净化、贮存、输配和利用系统 |
| 中型 | 300>$V$≥50 | 1 000>$V$≥100 | ≥50 | 发酵原料的预处理系统；沼渣、沼液综合利用或进一步处理系统；沼气的贮存、输配和利用系统 |
| 小型 | 50>$V$≥20 | 100>$V$≥50 | ≥20 | 发酵原料的计量、进、出料系统；沼渣、沼液的综合利用系统；沼气的贮存、输配和利用系统 |

*　日产沼气量指标是指厌氧消化温度控制在25℃以上（含25℃），总体装置的最低日产沼气量。

## 13. 什么是户用沼气池？

适合沼气发酵微生物生长和进行物质代谢产生沼气的装置统称为厌氧消化器（罐）、厌氧消化装置和沼气发生器，俗称沼气池。农村户用沼气池是指农村一家一户使用的，容积为6米$^3$、8

米$^3$、10 米$^3$ 的沼气发酵装置，属于自然发酵，无前后处理工艺。

一个 8 米$^3$ 的户用沼气池，年均产沼气 385 米$^3$，相当于替代 605 千克标准煤，可解决 3～5 口之家一年 80%的生活燃料。年产沼液沼渣 10～15 吨，可满足 1 300～2 000 米$^2$ 无公害瓜菜的用肥需要，可减少 20%以上的农药和化肥施用量。

## 14. 使用户用沼气有什么好处?

**(1) 有利于解决农村能源问题** 一户 3～4 口人的家庭，修建一个 10 米$^3$ 的沼气池，只要发酵原料充足，并管理得好，就能解决点灯、煮饭的燃料问题。

**(2) 有利于促进农业生产发展** 兴办沼气，使大量畜禽粪便加入沼气池发酵，既可生产沼气，又可沤制出大量优质有机肥料，扩大了有机肥料的来源。凡是施用沼肥的作物不仅增强了抗旱防冻的能力，而且提高秧苗的成活率。施用沼肥不但节省化肥、农药的喷施量，而且有利于生产无公害食品和绿色食品。

**(3) 有利于改善卫生条件** 凡是建了沼气池的农民都体会到，利用沼气作燃料，无烟无尘，清洁方便。一些粪便、垃圾、生活污水等都是沼气发酵的好原料，随着这些原料进入沼气池的病菌、寄生虫卵等，在沼气池中密闭发酵而被杀死。从而改善了农村的环境卫生条件，对人畜健康都有好处。沼气是一种清洁能源，所以各国都在农村推广。

**(4) 有利于保护生态环境** 使用沼气，解决了农民的燃料问题，有效缓解农村能源紧缺的局面，同时减少了森林砍伐，保护林草资源，减少水土流失，改善农业生态环境。

**(5) 有利于解放劳动力** 使用沼气，农民即可将拣柴、运煤花费的大量劳动力节省下来，投入到农业生产第一线上去。广大农村妇女通过使用沼气，从烟熏火燎的传统炊事方式中解脱出来，节省了生火做饭的时间，减轻了家务劳动。

# 第二章 户用沼气池建设

## 15. 户用沼气池常见的池型有哪些？

农村家用沼气池类型较多，一般可按照以下方式进行分类：按贮气方式可分为水压式、浮罩式和气袋式沼气池；按发酵池的几何形状分为圆筒形、球形和椭球形沼气池；按埋设位置分为地下式、半埋式和地上式沼气池；按建池材料分为砖结构沼气池、混凝土沼气池、玻璃钢沼气池、塑料沼气池和钢结构沼气池等，在实际应用中最为普遍的是混凝土结构沼气池。

国家标准《户用沼气池标准图集》（GB/T4750—2002）共发布了 5 种池型，即曲流布料沼气池、预制钢筋混凝土板装配沼气池、圆筒型沼气池、椭球型沼气池、分离贮气浮罩沼气池。随着新材料、新技术的成熟和应用，一些商品化的沼气池（包括玻璃钢沼气池、塑料沼气池等）应用逐渐扩大。

## 16. 户用沼气池由哪几部分组成？各有何作用？

户用沼气池主要组成部分为：进料间、发酵间、气箱、活动盖、出料间、导气管等部分。

**（1）进料间** 进料间包括进料口和进料管。进料管是用混凝土浇筑的水泥管或瓷管，它与沼气池墙成 30°角，若小于 30°角时，进料管与池墙交接处受力性不良，结合不严密，易漏气；大于30°角时，不易进料。一般6～10米$^3$的沼气池，进料管内径为30～40厘米。

**(2) 发酵间和贮气间** 这两部分为沼气池的主体部分，原料在发酵间发酵，产生的沼气溢出液面进入贮气间。

**(3) 出料间** 出料间又称水压箱。沼气池的出料间与主池体相通，它的水位随气体的产生、消耗而升降，起到水压箱的作用，并兼作平时小出料用，其容积为主池容积的1/3左右，池容积越大，出料间就越大，一般户用沼气池出料间为1～2米$^3$。

**(4) 活动盖** 活动盖安装在沼气池气箱顶部。其直径大小为60～80厘米（6～10米$^3$沼气池），揭开活动盖能促进池内气体散发，增加池内光亮，便于沼气池的维修、进料和清除沉渣。

**(5) 导气管** 导气管的主要作用是输送沼气。导气管应安装在池体的最顶端。以前是安装在活动盖上，这样易老化、易损坏。

## 17. 水压式沼气池有哪些特点？

水压式沼气池在我国已有50多年的历史，是我国农村目前推广的主要池型，具有受力合理、构造简单、取材容易、施工方便、成本较低、适应性强等优点，适合我国农村当前技术、经济水平和资源状况，并为广大群众所接受，也受到国际上的重视。

水压式沼气池通常是由发酵间、贮气箱、活动盖、导气管、进料口、出料口（也称水压间）6部分组成，一般为圆形、球形和椭球形。典型的椭球形水压沼气池结构如图2-1所示。

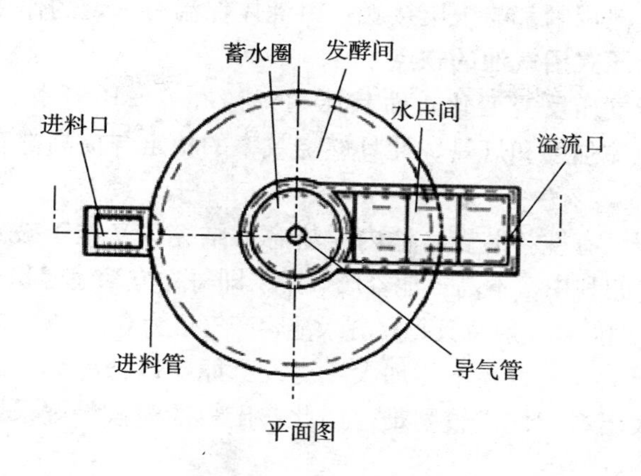


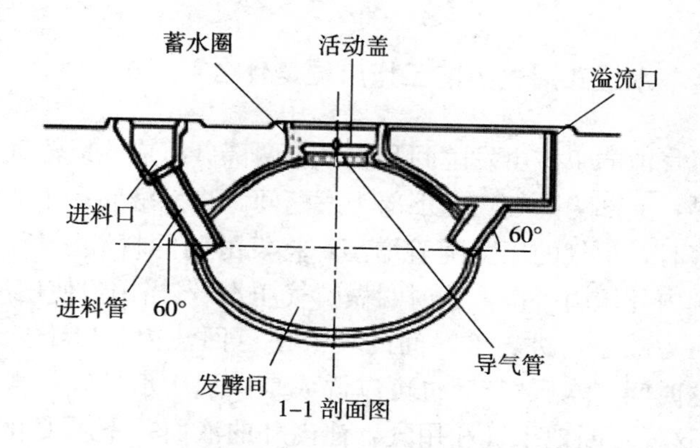


图 2-1 椭球形水压式沼气池结构示意图

**(1)水压式沼气池的优点**

①池体结构受力性能良好，而且充分利用土壤的承载能力，所以省工省料，成本比较低。

②适于装填多种发酵原料，特别是大量的作物秸秆，对农村积肥十分有利。

③为便于经常进料，厕所、猪圈可以建在沼气池上面，粪便随时都能打扫进池。

④沼气池周围都与土壤接触，对池体保温有一定的作用。

**(2) 水压式沼气池的缺点**

①由于气压反复变化，而且压力一般在 4～16 千帕之间变化。这对池体强度和灯具、灶具燃烧效率的稳定与提高都有不利的影响。

②由于没有搅拌装置，池内浮渣容易结壳，又难于破碎，所以发酵原料的利用率不高，池容产气率（即每立方米池容积一昼夜的产气量）偏低，一般每天每立方米池容产气仅为 0.15 $米^3$ 左右。

③由于活动盖直径不能加大，对发酵原料以秸秆为主的沼气池来说，大出料工作比较困难。因此，出料的时候最好采用出料机械。

## 18. 水压式沼气池的工作原理是什么？

沼气池的主体由发酵间和贮气箱两部分组成，以沼气发酵液面为界，上部为贮气箱，下部为发酵间。当发酵间产生的沼气逐渐增多时，沼气的压力随着增高，将发酵间的料液压到出料间，以达到内外压力平衡，这时叫做“气压水”，当用户使用沼气时，池内压力减小，进、出料间的料液便返回池内，以维持新的平衡，这时叫“水压气”。也可以说成是“气压水贮气，水压气用气”，这样不断地产气和用气，池内外的液面差不断变化，以保持池内外压力平衡，这就是它的工作原理。

## 19. 浮罩式沼气池有哪些特点？

浮罩式沼气池由发酵池和贮气浮罩组成，发酵间产生的沼气由浮罩贮存，浮罩可以分离放置在池旁或直接安置于池顶，贮气部分由浮罩和水槽两部分组成。

最简单的一种是发酵池与气罩一体化。基础池底用混凝土浇制，两侧为进、出料管，池体呈圆柱状。浮罩大多数用钢材制成，或用薄壳水泥构件。发酵池产生沼气后，慢慢将浮罩顶起，并依靠浮罩的自身重力，使气室产生一定的压力，便于沼气输出。这种沼气池可以一次性投料，也可半连续投料，其特点是所产沼气压力比较均匀。

分离浮罩式沼气池将发酵池与贮气浮罩分开建造，其优点是既保持了水压式沼气池的基本特点，又吸取了浮罩式沼气池的优点。发酵间与水压式沼气池相仿，但尽可能缩小贮气间体积，然后另做一个浮罩气室，沼气间产生沼气后，沼气通过输气管路源源不断地输送到贮气罩，贮气罩升高。用气时，沼气由贮气罩压出，通过输气系统，送至沼气燃具使用。

浮罩式沼气池的优点是：

（1）沼气压力较低而且稳定。一般压力为2～2.5千帕，有利于沼气灶、沼气灯等燃烧器具的稳定使用，有效地避免水压表冲水、活动盖漏气和出料间发酵液流失等故障的发生。

（2）发酵液不经常出入出料间，保温效果好，利于沼气细菌活动，产气效率高。

（3）由于发酵池与贮气浮罩分离，沼气池可以多装料。其发酵容积比同容积的水压式池增加10%以上。

（4）浮渣大部分被池拱压入发酵液中，可以使发酵原料更好地发酵产气。因为装满料，混凝土池壁浸水后，气密性大为提高，致使产气率较高，一般比水压式池型提高30%左右。

浮罩式沼气池的缺点是占地面积大，建池成本高（比同容积的水压式沼气池增加30%左右），施工难度大，出料困难。

## 20. 分离浮罩式沼气池的工作原理是什么？

与水压式沼气池相比，分离浮罩式沼气池没有水压间，其发酵池与贮气箱分离，采用浮罩与配套水封贮气，扩大了发酵间的装料容积。典型的分离浮罩式沼气池结构如图 2-2 所示。

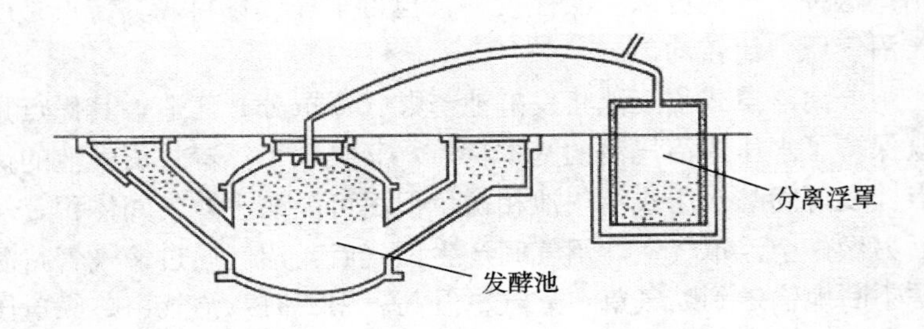


图 2-2　分离浮罩式沼气池示意图

分离浮罩式沼气池发酵产气后，产生的沼气不断地从导气管输送到浮罩中，当沼气压力大于浮罩总体重量时，放在水槽中的浮罩逐渐上升，沼气贮存容积逐渐增大，直到平衡。当使用沼气时，沼气从浮罩内导出，浮罩内气压下降，浮罩又逐渐下降，沼气贮存容积减少。

## 21. 什么是玻璃钢沼气池？有哪些特点？

玻璃钢沼气池是以玻璃纤维、聚酯不饱和树脂等为原料，按预先制作的部件模具分别生产沼气池的各个结构部件，通过螺栓固定和树脂粘结的方法，组装各个部件，形成完整的玻璃钢沼气池。玻璃钢沼气池主体为球形或扁球形，产品池体由上、下两半部组装成型，并分别设有出

图 2-3　玻璃钢沼气池

气孔、进料口、出料口和水压间，某种玻璃钢沼气池外观如图 2-3 所示。

玻璃钢沼气池具有强度高、重量轻、耐腐蚀、耐老化、防渗漏的特点，其规格一般为 6～10 米$^3$ 不等，在使用过程中，占地面积小，埋设方便，施工快捷，可满足不同地区、不同地理环境的需要。

玻璃钢沼气池的特点：

（1）玻璃钢沼气池可以进行工厂化生产，使产品易于标准化、商品化。有利于稳定质量，统一标准。图 2-4 为玻璃钢沼气池生产过程。

图 2-4　玻璃钢沼气池的生产

（2）玻璃钢沼气池重量轻、运输和安装方便，其他安装过程如图 2-5 所示。

（3）玻璃钢材料抗弯、抗压强度高，耐冲击、抗老化、耐腐蚀性能好，使用寿命长。

（4）气密性好。相关研究与应用结果表明，采用玻璃钢材料制作沼气池，密封性好、不渗水、不漏气。

（5）产气率高。玻璃钢导热系数低，有利于沼气池的保温，故可保证较高的产气率。

（6）价格适宜、易于被用户接受，玻璃钢沼气池与混凝土沼气池造价相近。

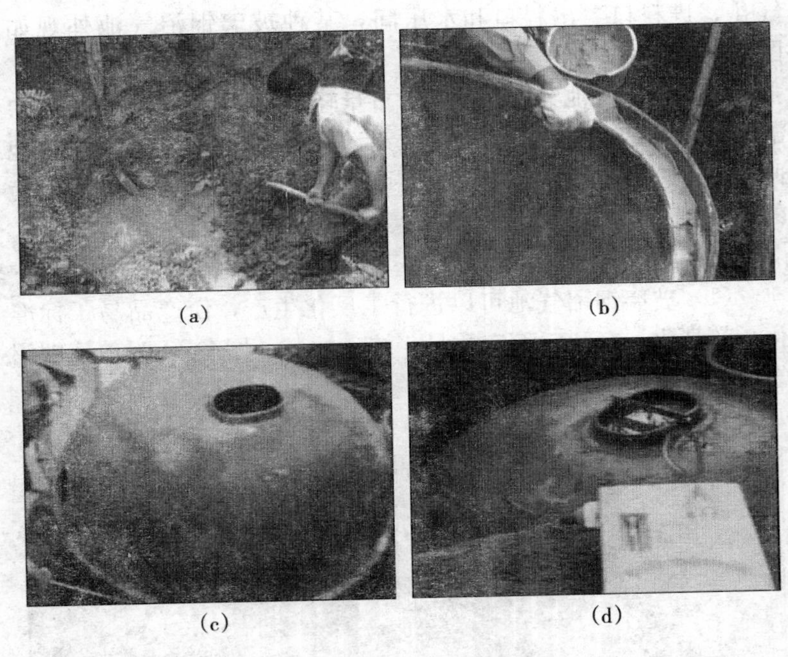
(a) (b) (c) (d)

图 2-5 玻璃钢沼气池安装
(a) 选址挖坑 (b) 沼气池组装 (c) 下池及回填土 (d) 打水试压

## 22. 什么是塑料沼气池？有哪些特点？

塑料沼气池是近年出现的沼气池，一般埋在地下。塑料沼气池一般为扁球形或球形，通常由若干个结构单元经过螺栓固定、硅胶条密封或塑料焊接构成。某种塑料沼气池如图 2-6 所示。

**(1) 塑料沼气池的优点**

①实现高效率的工厂化和机械化生产，不需要现场制造、联接、密封，施工难度最小。

②结构有弹性，不易破裂，适合冬季气温较低的北方地区。

图2-6　扁球形塑料沼气池

③施工时间最短，施工费用最低。

④维护工作量小，寿命最长，可达几十年。

⑤因池体维修等各种原因，需要人员进入池体时，只需要拔出上桶体，池体自然暴露在空气中，不存在中毒危险，避免伤亡。

⑥因各种原因，需要改进、废弃时，只需破碎、再造粒，重新塑化利用，不产生有机垃圾。废品可以经济地处理、利用。

⑦池体非常轻，不会造成地基下沉。

**（2）塑料沼气池的缺点**　目前，塑料沼气池生产技术要求较高，设备投资额度较大，沼气池销售价格较高，而且在冬季气温较低的北方地区，尤其是东北地区，需要对上桶体保温，防止其被冻住，影响了塑料沼气池的推广应用。但是随着制造技术不断成熟，塑料沼气池有着广阔的应用前景。

## 23. 什么是软体沼气池？有哪些特点？

软体沼气池，是一种新型的沼气设备，主要包括：软体可折叠沼气发酵袋、沼气储气袋、沼气升压泵、脱硫器、分水器、沼气输送管及相关管件。设备的主体是软体沼气发酵袋，是用高强度塑性材料经大型高频设备热合制成，设有出气孔、进料口、出料口，常见的软体沼气池形式如图 2-7 所示。

软体沼气池的材质有 PE 涂层布、PE 与 PVC 复合增强涂层布、PVC 膜、PVC 改性增强涂层布和红泥塑料布料。软体沼气池的类型根据形状不同可分为圆台形、圆柱形和矩形三大类；根据性能结构不同可分为普通型、自配重型和浮罩型三大类。

图 2-7　软体沼气池

与传统的水泥或玻璃钢沼气池相比，软体沼气池具有以下特点：

（1）经济耐用，价格低廉，投资少，见效快。

（2）重量轻、可折叠、体积小，运输携带方便，可任意移动安装。

（3）安装简单快捷，坑体深浅可根据用户条件任意选择。设备的主体（软体可折叠沼气发酵袋），是用高强度塑性材料制造，具有较高的机械强度和延伸率，安装时不受任何地理条件限制，可安放在一般的基础之上。

（4）无须搅拌，产气量高。发酵池的池体可暴露在露天，便于吸收太阳能。这种沼气池在气温高的地区有很大优势，在北方地区冬季可放在太阳能温室内使用。另外由于池体是高强度软体材料制造，抗撕裂性能非常强，随时可在池体顶部向下压迫和震动，无须搅拌，使发酵池体内液平面上的浮物（即结壳部分）浸入液平面以下，从而解决了发酵池内发酵料结壳而影响产气的难题。

（5）使用十分安全。

（6）技术要求不高，使用和维修方便。

## 24. 什么是北方“四位一体”能源生态模式？

北方“四位一体”能源生态模式，是把沼气池、厕所、禽畜舍和日光温室优化组合在一起的生态农业模式。该模式以沼气为纽带，太阳能为动力，种植业和养殖业相结合，使之相互依存，优势互补，形成一个良性循环体系，如图 2-8 所示。

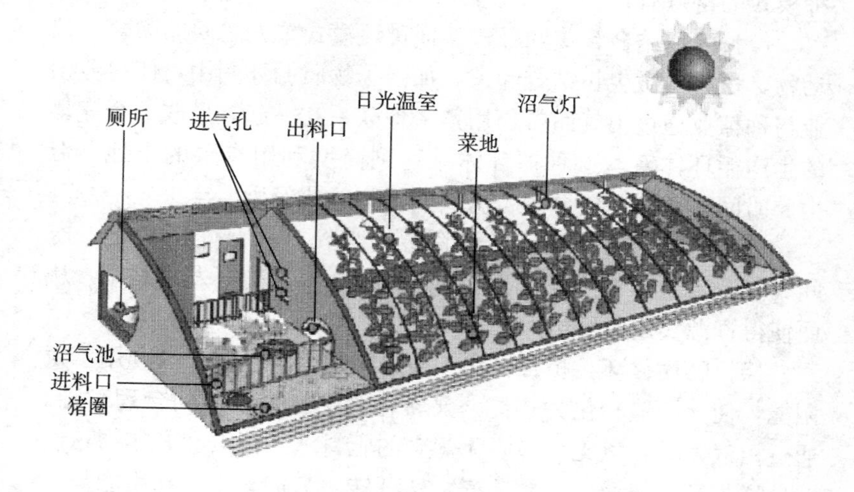


图 2-8　北方“四位一体”能源生态模式

“四位一体”能源生态模式是以 200～600 米$^2$ 的日光温室为基本单元，在温室内部西侧、东侧或北侧建一个 20 米$^2$ 的禽畜舍和一个 2 米$^2$ 的厕所，禽畜舍下部设一个 6～10 米$^3$ 的沼气池，进料口设在禽畜舍和厕所下面，使粪便通过管道自动进入沼气池中，出口设在温室中，以便于沼气发酵中沼液、沼渣的利用。

在该模式中，日光温室利用塑料薄膜的透光和阻散性能，并配套复合保温墙体结构，将太阳能转化为热能，同时保护和阻止热量和水分的散失，达到增温、保温的目的。人、畜禽粪便等有机废弃物为沼气池提供发酵原料；沼气池对有机废弃物进行厌氧发酵，从而消除病菌，控制了疫病，并且产生了清洁能源沼气，沼液、沼渣作为高效有机肥，可以替代化肥和部分农药并可改良土壤。在日光温室内燃烧沼气，可以为日光温室增温并为农作物增施 $CO_2$ 肥。

目前，“四位一体”能源生态模式在我国北方农村地区已经得到了大范围的推广，取得了显著的经济、能源和生态效益。这种模式的特点有：

**（1）多业结合，集约经营**　通过该模式单元之间的联合，把动物、植物、微生物结合起来，加强了物质循环利用，使得养殖业与种植业通过沼气纽带作用紧密地联系在一起，形成一个完整的生产循环体系。这种循环体系达到高度利用有限的土地、劳力、时间、饲料、资金等，从而实现集约化经营。

**（2）合理利用资源，增值资源**　该模式实现了对土地、空间、能源、人畜粪便等农业生产资源最大限度地开发和利用，从而使得资源实现了增值。

**（3）物质循环，相互转化，多级利用**　该模式充分利用了太阳能，使太阳能转化为热能，又转化为生物能，达到合理利用。通过沼气发酵，以无公害、无污染的肥料施于蔬菜和农作物，使土地增加了有机质，粮食增产，秸秆转化为饲料，达到用能与节能并进。

**（4）保护和改善自然环境与卫生条件**　该模式通过沼气发酵，对粪便废弃物进行无害化处理，消灭了病菌，减少疾病，从而保护了环境，改善了农村卫生面貌。

**（5）有利于提高农民素质**　该模式是技术性很强的农业综合型生产方式，是改革传统农业生产模式，实现农业由单一粮食生产向综合多种经营方面转化的有效途径，推广北方“四位一体”

生态模式，极大地增强了农民的科技意识，提高了农民的科技素质。

**(6) 社会效益、经济效益、生态效益高** 该模式不受季节、气候限制，在新的生态环境中，生物获得了适于生长的气候条件，改变了北方地区一季多余，二季不足的局面，使冬季农闲变农忙；充分利用劳动力资源，生态模式是以自家庭院为基地，家庭妇女、闲散劳力，男女老少都可以从事生产；缩短养殖时间，延长农作物的生长期，提高了养殖业和种植业的经济效益。

## 25. 什么是南方“猪—沼—果（菜）”能源生态模式？

南方“猪—沼—果（菜）”能源生态模式是以沼气为纽带，畜牧业、果业（种植业）和沼气综合协调发展的生态模式。该模式是以农户为单元，以山地、大田、庭院等为依托，建造沼气池、禽畜舍、果园等单元，形成养殖—沼气—种植三位一体的庭院经济格局。图2-9为“猪—沼—果（菜）”能源生态模式图。

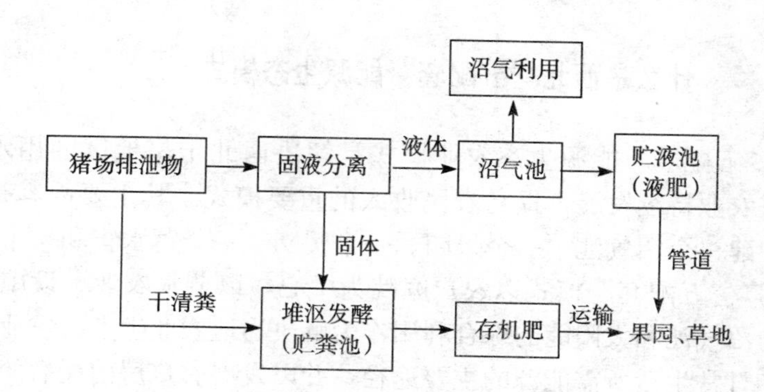


图2-9 “猪—沼—果（菜）”能源生态模式图

这种模式是以养殖业为龙头，以沼气建设为中心，串联种、养、加工等产业，广泛开展沼气综合利用，利用猪粪和农村秸秆等废弃物下沼气池发酵，产生的沼气用于解决农村生活用能，利用沼液浸种、施肥、喂猪、养鱼，同时果园套种蔬菜和饲料作物，满足畜禽养殖对饲料的需求，形成一种良性循环。

"猪—沼—果（菜）"能源生态模式是一种新的生态农业技术，具有显著的经济、社会、生态效益，主要表现在：

**（1）改善了农村环境条件** 一方面实现了农村生活用能由烧柴到燃气的转变，改善了生活条件，另一方面人畜禽粪便通过沼气发酵，进行无害化处理，减少了疾病的发生。

**（2）推动了养殖业、果业和其他农业的发展** 农业废弃物—沼气池—农业生产这种往复循环的生产模式，充分地利用了农业废弃物资源，使传统农业的单一经营模式转变成链式经营模式，延长了产业链，减少了投入，提高了能量转化率和物质循环率，实现了增长方式的转变和生态经济系统的良性循环。

**（3）具有显著的生态效益** 一方面沼气能源的使用，减少了对森林资源的消耗。另一方面沼液、沼渣是一种优质高效的有机肥，对改良土壤理化性状及耕作性能有着积极的意义。

## 26. 什么是西北"五配套"能源生态模式？

"五配套"能源生态农业模式是解决西北干旱地区的用水，促进农业持续发展，提高农民收入的重要模式。其主要内容是，每户建一个沼气池、一个果园、一个暖圈、一个蓄水窖和一个看营房。"五配套"模式以农户庭院为中心，以节水农业、设施农业与沼气池和太阳能的综合利用作为解决当地农业生产、农业用水和日常生活所需能源的主要途径，并以发展农户房前屋后的园地为重点，以塑料大棚和日光温室等为手段，以增加农民经济收入，实现脱贫致富奔小康。"五配套"能源生态农业模式如图

2-10所示。

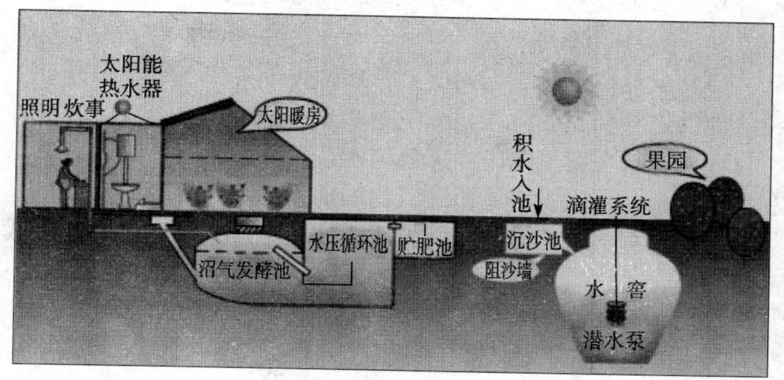


图2-10 “五配套”能源生态农业模式图

“五配套”模式从西北地区干旱的特点出发，以农户土地资源为基础，以沼气为纽带，形成以农带牧（副）、以牧促沼、以沼促果、果牧结合的配套发展和良性循环体系。沼气池是“五配套”能源生态模式的核心，通过高效沼气池的纽带作用，把农村生产用肥和生活用能有机结合起来。据陕西省的调查统计，推广使用“五配套”模式技术以后，可使农户从每公顷的果园中获得增收节支3万元左右的效益。

## 27. 怎样合理选择沼气池建池地点？

沼气池建池地点的选择是否正确，直接关系到日后能否很好地使用和管理沼气池，所以应给予充分的考虑。首先，沼气池应与猪（或畜）圈、厕所“三结合”建造，并且最好在水压间附近建溢流池，方便人、畜粪便随时自流入池以及发酵液自动溢出沼气池和贮肥。为了保持和增加池内温度，沼气池应建在向阳、避风、地势较高之处，也可建在猪圈下面，在北方或寒冷地区，应将沼气池建在冻土层以下，最好建成与畜厩、大棚温室结合的

“四位一体”沼气池（指温室大棚—厕所—畜圈—沼气池）。尽量避开具有老坑、老沟、杂填土、淤泥、流沙等复杂地质条件的地方。

（1）建池位置应靠近厕所、畜禽猪舍等粪便污染源，有利于沼气池的进料和越冬管理。

（2）应选在背风向阳，远离树木、竹林、公路、铁路、通讯和电力设备，周围没有遮阳建筑物的地方。

（3）根据当地的地质水文情况，选择土质坚实、地下水位低的地方。

（4）池址距厨房不要超过25米为宜。

## 28. 怎样合理选择沼气池的容积？

沼气池容积的大小（一般指有效容积，即主池的净容积），应该根据每日发酵原料的品种、数量、用气量和产气率来确定，同时要考虑到沼肥的用量及用途。在农村，按每人每天平均用气量0.3～0.4米$^3$计，一个4口人家庭每天煮饭、点灯需用沼气1.5米$^3$左右，如果使用质量好的沼气灯和沼气灶，耗气量还可以减少。池容积可根据当地的气温、发酵原料来源等情况具体规划。北方地区冬季寒冷，产气量比南方低，一般家用池选择8米$^3$或10米$^3$；南方地区，家用池选择6米$^3$左右。按照这个标准修建的沼气池，如果沼气池管理得好，春、夏、秋三季所产生的沼气，除供做饭、烧水、照明外还可有余，冬季气温下降，产气减少，仍可保证做饭的需要。有的人认为“沼气池修得越大，产气越多”，这种看法是片面的。实践证明，有气无气在于“建”（建池），气多气少在于“管”。沼气池子容积虽大，如果发酵原料不足，科学管理措施跟不上，产气还不如小池子。但是也不能单纯考虑管理方便，把沼气池修得很小，因为容积过小，影响沼气池蓄肥、造肥的功能，这也是不合理的。

## 29. 建沼气池的材料有哪些质量要求?

建设沼气池的材料多种多样，有水泥、砂、石、砖、钢、石灰等，目前广大农村大多采用混凝土和砖结构沼气池。随着农村经济的发展和沼气池商品化的不断深入，商品化沼气池也逐渐被众多农户接受。

**(1) 水泥**　水泥是建造沼气池的主要原料。目前我国生产的水泥品种有30多种，建造沼气池主要选择使用普通硅酸盐水泥（强度和安全性指标符合GB175标准），也可选用矿渣硅酸盐水泥和火山灰质硅酸盐水泥等（强度和安全性指标符合GB1344标准）。由于农村户用沼气池等中小型沼气池的池墙和圈梁所用的混凝土标号通常均在200号以下，因而一般选用325号、425号普通硅酸盐水泥即可，不需要采用高标号水泥。如果地下水中硫酸盐、碳酸盐等有害物质的含量超过规定值时，对普通水泥有腐蚀作用，应选用矿渣水泥或火山灰质水泥。

**(2) 石子**　石子是配制混凝土的粗骨料。由于沼气池池壁厚度为40～50毫米，要求石子的粒径不能超过池壁厚度的1/2，因此宜采用粒径小于20毫米的石子。石子有碎石和卵石。碎石颗粒表面粗糙，有棱角，与水泥胶结力大，但孔隙率较大，所需填充的砂浆较多，因混凝土和易性小，故施工时比使用卵石难于浇灌和捣实，实际中使用的碎石以接近立方体为好，碎石的强度应大于混凝土强度的1.5倍。卵石，也称砾石，建池主要使用粒径为10～20毫米、针片状颗粒含量小于15%、软弱颗粒含量小于10%的细卵石，级配好后其空隙小、容重大。建池的石子要求干净，泥土杂质等用水冲洗后小于2%，不含杂草、塑料等有机质，不宜使用风化碎石。对石子的选择，可以考虑当地实际情况就地选材。

**(3) 砂子** 砂子是混凝土的细骨料。在混凝土拌合物中，水泥浆包裹在砂粒表面并填充砂粒间的空隙。由于砂颗粒越小，填充砂粒间空隙和包裹砂粒的水泥越多，即需要更多的水泥，所以一般用粒径0.35～0.5毫米的中砂。此外，中砂颗粒有大有小，如大小颗粒搭配适宜，砂的总表面积和孔隙率小，所需水泥较少，形成的水泥浆中间层薄，游离水相对减少，配置的混凝土空隙小，黏结力较高，混凝土强度高、耐久性好。河砂、山砂或海砂等天然砂均可用于建造沼气池，但要求砂的成分较纯，质地坚硬，不含有机质，泥土含量不大于3%，云母含量小于0.5%，不含柴草、塑料等有机杂质。砂中有机杂质含量高时，用清水冲洗达到要求后可以使用。

**(4) 钢筋** 通常建造户用沼气池时，天窗口顶盖、水压间顶盖需要部分钢筋，其他构件可以不使用钢筋。但是，在土质松紧不均或地基承载力差的地方，建池时应需配置适当数量的钢筋。建沼气池常用直径为4～40毫米的Ⅰ级钢筋（3号钢），使用时应清除油污、铁锈，并矫直，弯、折和末端的弯钩应按净空直径大于钢筋直径2.5倍作180°的圆弧弯曲。

**(5) 砖** 建沼气池主要用50号、75号、100号三种普通黏土砖，要求外形规则、尺寸均匀、各面平整、无变形现象，一般应无裂纹、断面组织均匀、敲击声脆，避免使用欠火砖、酥砖和螺纹砖。砖的标准尺寸为240毫米×115毫米×53毫米，建池时使用的砖的几何尺寸可以不受标准尺寸的限制。制作池盖用的砖要求棱角应完整无缺，否则影响砌筑质量。

**(6) 石灰** 石灰是一种气硬性无机黏结材料，由石灰岩经高温煅烧而成，主要用作砌筑砂浆和密封砂浆的改性材料，掺入水泥浆中可以增加韧性、保水性、和易性。在石灰使用前，通常都浇一定的水使石灰熟化，使之成为熟石灰（消石灰）。在石灰熟化过程中，加水较少时生成粉状的熟石灰，随着加水量的增加，则成为石灰膏或石灰浆。石灰熟化的速度与石灰质量相关，过火的石灰表面存在玻璃质硬壳，不但熟化速度慢，而且未熟化颗粒也多。如将未完全熟化的石灰用于混凝土或砂浆中，由于石灰还在继续熟化，体积会膨胀，会导致混凝土出现裂缝或造成局部脱落，严重影响建池的质量。欠火石灰存在石灰石硬块，熟化后常有较多渣子。因此，在使用过程中，石灰应过筛，并且充分熟化，消除石灰中未熟化的颗粒。此外，石灰不能单独作为凝胶材料建沼气池，作为改性材料也应控制使用量。建池石灰中碎屑和粉末一般要求不超过3%，煤渣、石屑等不超过8%。

**（7）水** 建池用水选择干净、清洁的中性水，不能用酸性水或碱性水，通常选用饮用水。

**（8）密封材料** 对于采用混凝土、砖、石等材料建造的沼气池，由于这些建材都存在大量的毛细孔道，为满足沼气发酵不漏水、不漏气的要求，必须在水泥砂浆基础结构层上，用密封材料涂覆，封闭上述毛细孔道。

密封材料必须具有良好的密封性、耐腐蚀性、韧性、黏结性、耐磨性等，要求收缩量小、便于施工和价格低廉等。

**（9）管材** 建设沼气池所需的管材要求气密性好，耐老化，耐腐蚀，价格低，常用的有钢管、铸铁管和塑料管等。

## 30. 建沼气池时应注意哪些安全问题？

（1）挖池坑时要掌握土质情况，在松软地块挖池要留有一定的坡度，避免塌方。挖出的松土要远离池子，防止建池人员脚踩松土滑入坑内。

（2）沼气池不能建在紧靠公路和车辆可行驶的土路旁，以防重型车辆通过。

（3）沼气池施工要严格按各项建池操作规范要求进行施工，未经批准擅自改动几何尺寸，减小容量的，将依据规定扣除相关费用，若出现严重质量问题，谁建谁负责赔偿农户的建池费用。

（4）要严格按照施工安全规则进行施工，确保安全生产，严禁违章施工、酒后施工。夏天施工要避开高温，保持池内通风、降温，以防中暑；低温期间施工，要做好防冻工作，防止冻伤池体。

（5）注意交通安全，外出施工人员应遵守交通规则，注意交通安全。

（6）目前农村家用沼气池均用混凝土建造，一定要按工程技术要求进行，不得偷工减料，降低标准。

（7）用砖做拱模砌筑和粉刷沼气池内壁时，池下人员要戴安全帽，池上人员不得撞击拱顶和在拱顶上放重物，为操作安全起见，拱顶上方可搭牢固木架。

（8）容积在 8 米$^3$ 左右的沼气池，用混凝土浇筑后要在标准条件下（温度 20±3℃、相对湿度 90%以上）养护，使其强度达 70%以上（一般 7 昼夜），方可拆模。拆模前拱顶外应均匀轻轻复好土，拆除时尚需小心谨慎，池内人员同样要戴安全帽。模板或砖拿出池子后及时运走，不得集中堆在拱顶上，以防压塌压损未达到保养期的拱顶。

（9）未完工的沼气池四周要设警示标志，拉警示绳。完工的沼气池进、出料口一定要加盖混凝土预制板或石板，以防人、畜掉入池内。进、出料口打开时，切勿让小孩在池边玩耍。检查和维修完毕后，进、出料口要立即盖好盖板。

（10）没有达到养护期的新建沼气池不得进料封池。

（11）弃之不用的病态池，应立即填埋。若仍作为粪池使用，一定要用混凝土预制板或石板盖好进、出料口和活动盖口。

（12）建造和管理沼气池使用电器设备时，应严格按照用电安全规程操作。

(13) 上、下沼气池施工和管道安装，手一定要抓牢，脚要踩稳，防止摔跌。

(14) 投入使用的沼气池严禁在上面堆积垃圾，严禁使用明火，严禁小孩在上面放鞭炮；在检查输配管路时严禁使用明火试气，以免引发火灾。

## 31. 怎样检查沼气池是否符合质量要求?

修建沼气池的技术人员，在建好沼气池后，都要对沼气池进行检查，除了在施工过程，对每道工序和施工的部分要按相关标准中规定的技术要求检查外，池体完工后，还要对沼气池各部分的几何尺寸进行复查，池体内表面应无蜂窝、麻面、裂纹、砂眼和孔隙，无渗水痕迹等明显缺陷，粉刷层不得有空壳和脱落。接下来最基本的和主要的检查是看沼气池有没有漏水、漏气问题。检查的方法有两种：一种是水试压法，另一种是气试压法。

**(1) 水试压法** 向池内注水，水面至进出料管封口线水位时停止加水，待池体湿透后标记水位线，观察 12 小时。当水位无明显变化时，表明发酵间的进出料管水位线以下不漏水，才可进行试压。

试压前，安装好活动盖，用泥和水密封好，在沼气出气管上接上气压表后继续向池内加水，当气压表水柱差达到 10 千帕时，停止加水，记录水位高度，稳压 24 小时，如果气压表水柱差下降 0.3 千帕以内，即符合沼气池抗渗性能要求。

**(2) 气试压法** 第一步与水试压法相同。在确定池子不漏水之后，将进、出料管口及活动盖严格密封，装上气压表，向池内充气，当气压表压力升到 8 千帕时停止充气，并关好开关。稳压观察 24 小时，若气压表水柱差下降在 0.24 千帕以内，即符合沼气池抗渗性能要求。

## 32. 沼气池漏水、漏气的常见部位有哪些？产生的原因是什么？

（1）混凝土配料不合格、拌和不均匀，池墙未夯实筑牢，造成池墙倾斜或混凝土不密实，有孔洞或有裂缝。

（2）池盖与池墙的交接处灰浆不饱满，黏结不牢而造成漏气。

（3）石料接头处水泥砂浆与石料黏结不牢。出现这种情况，主要是勾缝时砂浆不饱满，抹压不紧。

（4）池子砌筑完成后，池身受到较大震动，使接缝处水泥砂浆裂口脱落。

（5）池子建好后，养护不好，大出料后未及时进水、进料，经曝晒、霜冻而产生裂缝。

（6）池墙周围回填土未填紧夯实，试压或产气后，池子内、外压力不平衡，引起石料移位。

（7）池墙、池盖粉刷质量差，毛细孔封闭不好，或各层间黏合不牢造成翘壳。

（8）混凝土结构的池墙，常因混凝土的配合比和含水量不当，干后强烈收缩，出现裂缝；沼气池建成后，混凝土未达到规定的养护期，就急于加料，由于混凝土强度不够，而造成裂缝。

（9）导气管与池盖交接处水泥砂浆凝固不牢，或受到较大的震动而造成漏气。

（10）沼气池试水、试压或大量进、出料时，由于速度过快，造成正、负压过大，使池墙裂缝甚至胀坏池子。

## 33. 如何查找沼气池漏水、漏气故障？

在试水、试压时，当水柱压力表上水柱上升到一定位置时，如水柱先快后慢地下降说明是漏水；以较均匀的速度下降是漏气。在平时不用气时，如发现压力表中水柱不但不上升，反而下降，甚至出现负压，说明沼气池漏水；水柱移动停止或移动到一定高度不再变化，说明沼气池是漏气或轻微漏气。

在查找沼气池故障部位时，应先检查输气管、件，后查内部，逐步排除疑点，找准原因，再对症修理。

**（1）外部检查方法** 把套好开关的胶管圈好，一端用绳子捆紧，放入盛有水的盆中，一端用打气筒（或用嘴）压入空气，观察胶管、开关、接头处有无气泡出现，有气泡之处，就有漏气的小孔。在使用时，可用毛笔在导气管、输气管及接头处涂抹肥皂水，看是否有气泡产生。也可用鹅、鸭细绒毛在导气管、输气管及接头、开关处来回移动，如果漏气，绒毛便会被漏气吹动。另外，导气铁管和池盖的接头处，活动盖座缝处也容易出毛病，要注意检查。

**（2）内部检查方法** 进入池内观察池墙、池底、池盖等部分有无裂缝、小孔。同时，用手指或小木棒叩击池内各处，如有空响，则说明粉刷的水泥砂浆翘壳。进料管、出料间与发酵间连接处，也容易产生裂缝，应当仔细检查。

## 34. 如何对沼气池进行维修？

**（1）池墙裂缝** 将裂缝凿深，凿宽，成“V”字形，周围拉毛，清除碎屑，刷上一道纯水泥浆，再用1：2的水泥砂浆嵌实，抹光，待水泥砂浆凝固12小时后，再刷2遍纯水泥浆。

**（2）池墙与池底连接处裂缝** 先将裂缝凿深、凿宽，边缘凿毛，清洁后，刷1遍纯水泥浆，后用1：2的水泥砂浆嵌补压实，再刷1遍纯水泥浆。隔24小时后，用1：2的水泥砂浆将池墙与池底连接处抹成大圆角，最后刷1遍纯水泥浆。

**（3）拱顶与圈梁裂缝** 去掉拱顶覆土，直至露出圈梁外围。

若拱顶出现裂缝，要在内外两面同时按照池墙裂缝的处理方法进行修补，修补好后，将圈梁外围的泥土夯实，然后重新填实覆土层。若圈梁断裂，则应将圈梁外围凿毛洗刷干净，刷1遍纯水泥浆，用150号混凝土在圈梁外围浇筑一圈加强圈梁，内放一级钢筋2根，待加强圈梁混凝土达到50%以上强度后，再回填覆土层。

**(4) 池底沉陷** 挖去开裂破碎的部分，清除松软基土，用碎石或块石填实，并在填层上浇筑150号混凝土，厚5厘米，表面粉刷1∶2的水泥砂浆1遍。注意修补面应超过损坏面。

**(5) 粉刷密封层** 对粉刷层成片损伤的病态池，如脱落、翘壳、龟裂等，维修时，应将损伤部位铲净凿毛，再采用5层抹面水泥砂浆防水层的方法进行密封层的粉刷。第一层为纯灰层，先抹1毫米厚纯水泥浆作为结合层，用铁抹子往返压抹几遍，然后再抹1毫米厚纯水泥浆，抹平，并用毛刷将表面拉成毛纹。第一层完成后接着做第二层，第二层为水泥砂浆层，水泥与砂的配合比为1∶25，厚4.5厘米。隔1天抹第三层纯水泥浆，厚2毫米。接着抹第四层水泥砂浆层，厚4～5毫米。待砂浆有点潮湿，但不黏手时做第五层，用毛刷依次均匀刷纯水泥浆1遍，稍干将表面压光即可。

**(6) 漏水** 对漏水孔，采用水玻璃拌制水泥胶浆进行堵塞，水泥∶水玻璃=1∶0.6，随配随用，将水泥胶浆灌塞漏水孔中，压实数分钟变硬后即可堵住。

**(7) 慢性渗漏** 对于少量砂眼、毛细孔造成的慢性漏气、漏水的沼气池，可将发酵池中贮气的部分洗刷干净，然后用纯水泥浆刷2～3遍即可。

**(8) 导气管与活动盖交接处漏气** 若导气管未松动、周围漏气，可将导气管周围内外两面的混凝土凿毛，洗刷干净，刷纯水泥浆1遍，再用1∶2的水泥砂浆嵌补压实，然后在内外表面刷2遍纯水泥浆。若导气管已松动、可拔出导气管，将导气管外壁表面刮毛，重新灌筑较高标号的水泥砂浆，并局部加厚，以确保导气管的固定。

**(9) 活动盖口渗漏** 对于活动盖口下圈碰伤严重的部位，将表面刮毛，洗刷干净，刷1遍纯水泥浆，再用1∶2水泥砂浆修补，然后刷纯水泥浆。对于碰损较轻的部位，刷1～2遍纯水泥浆即可。

**(10) 进、出料管裂缝或断裂** 应将裂缝或断裂的管子挖出，进行重新安装。安装前必须将管子外侧刷纯水泥浆2～3遍，填入后在连接处用200号细石混凝土包接。

## 35. 怎样使用沼气池密封剂？

为了确保沼气池不漏水、不漏气，应全面推广使用密封剂（图2-11）。密封剂具有耐酸碱腐蚀、成膜性好、气密性好、附着力强、不脱皮、不起粉，无毒无味、施工操作方便的特点。沼气池密封剂为浓稠液体，气温对稠度有一定影响，当气温在15℃以下时，密封剂稠度增大，使用密封剂前需进行预热处理。处理方法是将密封剂袋放入开水中加热，溶化后，剪开袋口，倒入容器中加5～6倍水稀释或直接稀释进行加温，边加温边轻微搅拌，使密封剂呈清澈透明的稠状液体后，按溶液∶水泥＝1∶5均匀混合，配成溶剂浆（灰水比例约为1∶0.6）即可使用。

图2-11 密封剂

使用沼气池密封剂的操作步骤：

（1）沼气池池体建成后，按水泥砂浆7层做法进行，在此基础上进行下道工序，基础面要求没有蜂孔和沙粒。

（2）待基础面干后，刷涂密封剂两次，第一次横向刷（要求连续作业)，待初凝后，再进行第二次竖向刷，使沼气池内壁表面形成一层连续性均匀的薄膜，从而堵塞和封闭混凝土和砂浆表层的孔隙和细小裂缝，防止漏气发生。

(3) 第二次所刷密封剂干后，再用纯水泥浆刷于密封剂的表面，使全部密封层处于水泥浆层的保护中。

(4) 密封剂的用量：1 米$^2$ 约需密封剂 0.2 千克。

# 第三章　沼气发酵原料

## 36. 沼气发酵原料是怎样分类的?

沼气发酵原料主要有农作物的秸秆、落叶、杂草、畜禽粪便、人粪尿、生活有机垃圾、工厂产生的有机废渣、废水和农副产品加工的下脚料等农业有机废弃物，沼气发酵原料可根据发酵原料的来源和形态进行分类。

根据沼气发酵原料的来源，可分为以下几类：

**（1）农村发酵原料**　主要包括富氮原料和富碳原料两大类。

①富氮原料。通常是指人、畜和家禽粪便，也包括青草等碳氮比低的原料。其含氮量高，碳氮比多在25∶1以下，即在沼气发酵适宜的碳氮比（30∶1）范围内。这类原料中粪便经过了人和动物的胃肠系统的充分消化，一般颗粒细小，含有大量的低分子化合物——人和动物未吸收的中间产物，含水量较高。因此，在进行沼气发酵时不必预处理，就容易厌氧分解，产气速度快，发酵周期较短。

②富碳原料。我国农村的另一大类发酵原料是秸秆和秕壳等农作物的残余物。这类原料富含纤维素、半纤维素、果胶以及难降解的木质素和植物蜡质，含碳量高，其碳氮比多在40∶1以上，比沼气发酵适宜的碳氮比高，称富碳原料。这些物质的厌氧分解，比富氮的粪便原料慢得多，发酵周期较长。秸秆类富碳原料一般干物质含量比富氮原料高，且密度小，进沼气池后容易飘浮形成死区——浮壳层。为了提高原料的产气速率和利用率，这

类原料在发酵前一般需要预处理。

**(2) 城镇有机废物废水** 主要包括人粪尿、生活污水、有机垃圾、有机工业废水、废渣和污泥等。

**(3) 水生植物** 主要包括水葫芦、水花生、水浮莲和其他水草和藻类等。这些水生植物利用太阳能的能力很强，繁殖速度快、产量高。由于组织鲜嫩，容易厌氧分解，作沼气原料，产气快、周期短。但水葫芦、水花生、水浮莲等水生植物体内有气室，直接进沼气池，容易飘浮。因此，用作沼气发酵原料时，宜稍晾干或堆沤 2 天后入池，效果较好。

根据沼气发酵原料的形态，可分为以下几类：

**(1) 固体原料** 秸秆类、城市有机垃圾等都是固形物，其干物质含量比较高。它们主要可用于干发酵、坑填发酵。我国农村还将秸秆用作水压式沼气池的主要启动原料。它们可弥补粪料的不足，缓慢地分解产气，延续产气高峰期。但是，它们也容易在池内结壳、沉渣，造成出料困难。

**(2) 浆液态原料** 主要指人、畜和家禽粪便，它们一般随清洗水排入粪坑，呈浆液态。鲜粪干物质含量多在 20%左右，与水混合后的浆液多在 10%上下，它们可与固态原料混合，进行干发酵，同时也作为我国农村水压式沼气池的主要原料。另外，污水污泥也属于这一类。

**(3) 有机废水** 如酒精蒸馏废液、酵母厂废水、抗菌素厂废水、豆制品厂废水、制酱厂废水和纸浆废水等，它们含不同量的蛋白质、脂肪和碳水化合物，是产沼气的好原料，比天然有机物易于分解。有机废水一般可用高效的厌氧消化器处理。

## 37. 沼气发酵原料搭配的原则有哪些？

我国农村沼气发酵大多采用混合发酵原料，一般为农作物秸秆、畜禽粪便、人粪尿等。因此，根据各地农村沼气原料的来源、数量和种类，采用科学、适用的原料配料方法，对提高沼气的产气量和产气速度十分必要。一般的沼气原料配料原则是：

**（1）要适当多加些产甲烷多的发酵原料**　为达到多产优质沼气的目的，就必须投入产甲烷数量多的发酵原料，这样有利于提高甲烷的产量和甲烷在沼气中的含量。

**（2）将消化速度快与慢的原料合理搭配进料**　其目的为产气均衡和持久。农作物秸秆含纤维素多，消化速度慢，产气速度慢，但持续产气时间长（如玉米秸秆、麦草产气持续时间可达 90 天以上）；人畜粪便等原料，消化速度快，产气速度也快，但持续时间短（只有 30 天左右）。因此应做到合理搭配进料。

**（3）要注意含碳素原料和含氮素原料的合理搭配**　即要有合适的碳氮比。各种发酵原料的含碳量、含氮量及碳氮比是不同的，而且差异很大。含碳量高的原料，发酵慢；含氮量高的原料，发酵快，因此应合理搭配。鲜粪和作物秸秆的重量比约为 2∶1 左右，以使碳氮比为 30∶1 为宜。

## 38. 如何合理选择沼气池发酵原料的配比？

目前农村沼气池发酵原料主要有猪粪、奶牛粪、肉牛粪、骡马粪、作物秸秆等。根据各地原料资源对上述发酵原料进行合理的科学配比，是充分利用发酵原料达到沼气池产气快、产气率高、维持产气高峰时间长的重要技术措施。

沼气池发酵原料的配比主要是根据各种原料中的碳氮比（C/N）来决定。碳素是沼气细菌活动的能量来源，例如各种作物秸秆、杂草、树叶等；而氮素是合成细菌原生质的主要成分，例如人畜粪便等。这两种原料要进行合理的搭配，混合进料，才能获得较好的产气量。下面介绍几种发酵原料配比。

**(1) 以猪粪为主加玉米秸秆** 猪粪C/N为13∶1，含氮较多，玉米秸秆C/N为53∶1，含碳素较多。一个10米$^3$的沼气池，按沼气池发酵容积的80%计，各原料的配比应为：猪粪4米$^3$，玉米秸秆400千克，接种物3米$^3$，粪草比基本为2∶1，用稀人粪尿代替自来水。如没有人粪尿可加0.3%～0.5%碳酸氢铵或0.1%～0.3%尿素的水溶液，另加5千克石灰的水溶液。

**(2) 以牛粪为主加猪粪** 鲜牛粪的C/N为25∶1，一个10米$^3$的沼气池各原料配比应为牛粪3～4米$^3$，猪粪2米$^3$，接种物3米$^3$，加人粪尿和少量石灰水溶液。若用牛粪加玉米秸秆作为发酵原料，要加5～10千克尿素和5千克石灰的水溶液，最好用人粪尿代替自来水，效果更佳。

**(3) 以玉米秸秆为主要发酵原料** 用玉米秸秆作为沼气主要发酵原料虽然还没有推广，但有些用户一直在利用作物秸秆、杂草发酵，而且积累了不少经验。我们相信在不久的将来玉米秸秆会在沼气建设中发挥作用。

## 39. 哪些物质不能加入沼气池？

(1) 电石、各种剧毒农药、废打火机、刚喷洒过农药的作物茎叶、刚消过毒的禽畜粪便都不能进入沼气池。一旦以上物质被投入沼气池内，应将池内发酵料取出一半，并用清水将沼气池冲洗干净，然后再投入一半新料。

(2) 禁止把油麸、骨粉、棉子饼和磷矿粉加入沼气池，以防产生对人体有严重危害的剧毒气体——磷化氢。磷化氢不仅对甲烷细菌不利，而且人畜接触后也容易中毒。

(3) 核桃叶、银杏叶、猫儿眼（毛耳朵）、黄花蒿、臭椿叶、泡桐叶、水杉、梧桐叶、苦楝叶、断肠草、蓼拉子、烟梗等植物也严禁入池。

## 40. 沼气安全发酵应注意哪些问题?

(1) 防止沼气细菌接触有毒物质引起中毒，而停止产气。

(2) 加入的青杂草过多时，应同时加入部分草木灰或石灰水和接种物，防止产酸过多，使 pH 下降到 6.5 以下发生酸中毒，导致甲烷含量减少甚至停止产气。

(3) 防止碱中毒。发生碱中毒主要是因人为地加入碱性物质过多，如石灰，使料液 pH 超过 8.5，表现出强烈的抑制发酵作用。

(4) 防止氨中毒。氨中毒主要是因加入了含氮量高的人、畜粪便过多，发酵料液浓度过大，接种物少，使氨态氮浓度过高引起的中毒现象，也会表现出强烈的抑制发酵作用。

## 41. 用秸秆作为沼气池发酵原料应注意哪些问题?

1 吨秸秆能产 250～300 米$^3$ 沼气。我国每年产有 7 亿吨左右的农作物秸秆，不仅数量大，随用随取，还能生产大量的有机肥料。用作物秸秆作为沼气主要发酵原料益处很多，但必须注意以下几点：

(1) 沼气池要小而浅，活动盖口要大，直径不能小于 1 米，这样便于出料。结合农时用肥，一年要大出料 2～3 次。

(2) 防止结壳。沼气池装完发酵原料后，放置 5～7 个用竹或柳条编制的篮筐，在篮筐内放置 1～2 块整砖，稍加压，让篮筐一半沉于料液下，一半露在气箱中，让篮筐不上浮也不下沉，篮筐内只有料液没有秸秆结壳，这样便于加快沼气释放速度。

(3) 秸秆必须粉碎或拉丝切成 2～3 厘米长，便于进料。平均每铡碎 100 千克秸秆，耗电量为 0.5 千瓦，农户完全能接受。

(4) 秸秆必须进行预处理。秸秆铡碎以后可以直接喂牛羊产生粪便，吃不完的秸秆与牛羊的粪尿混合经牛羊踩踏后酸化，也可以把秸秆垫入猪圈内酸化。可以天天加料入圈，不受时间限制，操作也方便。通过上述预处理的秸秆，入池后可以加快发酵速度，提高利用率。

(5) 勤进料，勤出料。每年的4～11月份，除大出料外，还要勤出料，勤进料，每加到50千克秸秆后，必须要出料，进料的多少要按用气量和温度来决定。一般料温在15～30℃时，每加1千克秸秆可产气0.35米$^3$以上，可满足做一顿饭的燃料需要。进料时尽量从水压间取出发酵后的料液或水进行冲刷、搅拌，使秸秆和料液尽量混合。

(6) 充足的高质量的接种物。一般用旧沼气池内的沉淀物，或旧沼气池水溶液作为接种物，如附近没有旧沼气池，必须进行接种密集培养。全秸秆发酵产酸较多，用5～8千克石灰的水溶液调节发酵物的pH，同时加入5～10千克尿素水溶液来调节发酵物的碳氮比。

## 42. 对发酵原料秸秆进行预先堆沤有哪些好处?

(1) 在堆沤过程中，发酵细菌大量生长繁殖，起到富集菌种的作用。

(2) 堆沤腐熟的秸秆进入沼气池后可减缓酸化作用，利于酸化和甲烷的平衡。

(3) 秸秆原料经堆沤后，纤维素变松散、扩大了纤维素分解菌与纤维素的接触面，大大加速了纤维素的分解速度，加速沼气发酵的进行。

(4) 堆沤的腐料含水量较大，入池后很快沉底，不易浮面结壳。

(5) 秸秆堆沤后体积缩小，便于入池。

## 43. 怎样对秸秆类发酵原料进行堆沤？

（1）采用高温堆肥的办法进行秸秆堆沤。根据不同地区和不同季节的气候特点，采用不同方式。在气温较高的地区或季节，可在地面进行堆沤；在气温较低的地区或季节可采用半坑式的堆沤方法；而在严寒地区或寒冬季节可采用坑式堆沤方式。

由于这一办法是一种好氧发酵，需要通入尽量多的空气和排除$CO_2$。坑式或半坑式堆沤应在坑壁上从上到下挖几条小沟，一直通到底，同时还应插几个出气管。

堆沤的程序：首先将秸秆铡成3厘米左右长，铺10厘米左右厚，泼2%的石灰澄清液和1%左右的粪水（对秸秆的重量比），同时补充一些水（最好是污水）。直到原料吃够水后再依次铺第二层、第三层、第四层。堆好后用稀泥封闭或用塑料膜覆盖。气温较高的季节堆沤2～3天；气温较低季节，一般堆沤5～7天。待纤维已变松软，颜色已成咖啡色，即可作发酵原料。不宜再继续堆沤，以免原料损失过大。

（2）农村中通常采用一种更为简便的堆沤方法，就是将秸秆直接堆在地面上踩紧，泼上述的石灰水和粪水，最好是沼气发酵液，并用稀泥或塑料布密封让其缓慢发酵（在发酵初期是好氧发酵，随后逐渐转入厌氧发酵）。这种方法见效比较缓慢，需要较长的时间，分解液流失比较严重。但方法简便，热能损耗较少，也比较适合目前农村的实际条件。为了克服分解液的流失，有的地方对这种堆沤方式做了进一步改进，即在堆沤池进行堆沤。这样可以避免分解液的流失，原料损失很小，除了固体物能够充分利用外，分解液的产气速度更快。在沼气池产气量不高时，加入一些堆沤池里的分解液可以很快提高产气量。

## 44. 什么是沼气接种物？接种物有哪些来源？

沼气发酵的核心微生物菌落是甲烷菌群，沼气发酵的前提条件就是要在发酵原料中，接入含有大量甲烷菌群的菌种。我们把富含沼气发酵微生物的各种厌氧活性污泥称为沼气发酵接种物（也叫活性污泥）。

城市下水道的污泥，湖泊、池塘底部的污泥，粪坑底部的沉渣都含有大量沼气微生物，特别是屠宰场污泥、食品加工厂污泥，由于有机物含量多，适于沼气微生物的生长，因此是良好的接种物。大型沼气池投料时，由于接种物需要量大，通常可用污水处理厂厌氧消化池里的活性污泥作接种物。在农村，来源较广、使用最方便的接种物是沼气池本身的污泥。

## 45. 接种物在沼气发酵中有什么作用？

在沼气发酵池启动运行时要加足够的接种物才能正常产气。接种物的数量，以相当于发酵原料的10%～30%为宜。有机废物厌氧分解产生甲烷的过程，是由多种沼气微生物来完成的。因此，在沼气发酵池启动运行时，加入足够的所需微生物，特别是产甲烷微生物作为接种物（亦称菌种）是极为重要的。原料预先堆沤而又添加活性污泥作接种物，产甲烷速度很快，第六天所产沼气中的甲烷含量可达50%以上。发酵33天，甲烷含量达到72%左右。

# 第四章 沼气池的安全使用

## 46. 如何正常启动沼气池?

**(1) 试压** 新池或大换料后的沼气池，投料前应放水测试沼气池的压力，如有漏气，应修补好漏气部位。沼气池在5～8个大气压下，压力能够保持24小时，说明沼气池压力测试合格，之后方可投料。

**(2) 备足发酵原料** 一口8米$^3$的沼气池，装料率按85%，料液浓度按6%计算，需要鲜猪粪或鲜牛粪2～4米$^3$，可自备原料，用自家的猪、牛、羊粪；也可拉运猪场或牛场畜粪，拉前一定要了解最近对畜粪是否消过毒（刚消过毒的粪便不能使用）。

**(3) 原料堆沤** 地面铺上塑料薄膜，将原料与接种物拌匀分层洒水，加水量以洒湿畜粪，底部不流水为宜（防止在堆沤时因温度过高而造成发酵原料碳化），一般堆沤时间为5～6天。

**(4) 加入足够的接种物** 由于发酵原料的来源、种类不同，发酵原料中的甲烷菌数量差异很大，因此，要加入足够的接种物。新池装料加入接种物量为料液总量的10%～30%为宜。

**(5) 投料** 将准备好的发酵原料和接种物混合在一起，投入池内。所投原料的浓度不宜过高，一般控制在干物质含量4%～6%为宜。以粪便为主的原料，浓度可适当低些。

**(6) 加水封池** 发酵池中的料液量应占池容积的85%，剩下的15%作为气箱。加水后立即将活动盖密封好。一口8米$^3$的沼气池加水量为3～3.6米$^3$，加入沼气池的水最好是经阳光晒的温水，不能图方便直接抽取井水加入沼气池（因井水温度较低，沼气池启动慢）。

**(7) 调节好料液的酸碱度** 将料液的酸碱度调节至中性，如料液偏酸性可加入适量的石灰水，如料液偏碱性可加入适量的人粪尿或动物粪尿。

**(8) 放气试火** 当沼气压力表上的水柱达到40厘米以上时，应放气试火。放气1～2次后，由于产甲烷菌数量的增长，所产气体中甲烷含量逐渐增加，所产生的沼气即可点燃使用。

**(9) 启动完成** 当池中所产生的沼气量基本稳定，并可点燃使用，说明沼气池内微生物数量、酸化和甲烷化细菌的活动已趋于平衡，pH也较适宜，这时沼气发酵的启动阶段结束，进入正常运转。

## 47. 沼气池运行中如何合理进出料?

为保证沼气细菌有充足的食物和进行正常的新陈代谢，使产气正常而持久，就要不断地补充新鲜的发酵原料、更换部分旧料，做到勤出料、勤加料。

(1) 进出料的数量根据农村家用池发酵原料的特点，一般每隔5～10天进、出料各5%为宜。也可按每立方米沼气量进干料3～4千克计算。对于“三结合”的池子，由于人、畜粪尿每天不断地自动流入池内，因此，平时只需添加堆沤的秸秆发酵原料和适量的水，保持发酵原料在池内的浓度。同时也要定期小出料，以保持池内一定数量的料液。

**(2) 平时进、出料应注意的问题**

①原则上是出多少进多少、顺序为先出后进。

②出料时应使剩下的料液液面应保持在进料管和出料管以上15厘米，以免池内沼气从进料管和出料管溢出。

③出料后要及时补充新料，若一次发酵原料不足，可加入一

定数量的水，以保持原有水位，使池内沼气具有一定的压力。

## 48. 如何合理把握沼气池出料时机?

所谓大出料就是从沼气池中取出占总量 2/3～3/4 的旧料。农村常温发酵的沼气池，产气高峰约 30～50 天时间，过后产气量明显下降，因此必须进行换料。大出料应在夏秋季节，温度高时进行，不宜在温度低的季节，特别不宜在冬季进行，因为在低温下大出料，沼气池很难再启动。每年或两年结合模式换茬生产进行一次大出料。当沼气池产气高峰已过，产气量开始下降或沼气池内料液容积超过 90%时，即要进行小出小进料，出多少进多少，以保持气箱容积为标准。具体的出料方法如下：

（1）一次出料不能过多，以不使沼气池产生负压为限。以 8 米$^3$ 沼气池为例，平时出料一般每次以 0.2～0.25 米$^3$ 为宜。

（2）若一次出料较多（超过 0.25 米$^3$）时，应打开紧靠沼气池的旁通开关，关闭调控器开关，避免形成过大负压，损坏池子和烧坏调控器内的脱硫器塑料瓶。

（3）一次出料的速度不能过快，若要大出料，特别是用抽液泵出料时，一定要开启活动盖，并关闭调控器开关。

## 49. 沼气池一般何时补料为好?

农村沼气发酵的适宜温度为 15～25℃，因而，在投料时宜选在气温较高的时候进行。北方宜在 3 月份准备原料，4～5 月份投料，等到 7～8 月份温度升高后，有利于沼气发酵的完全进行，可充分利用原料；南方除 5 月份可以投料外，次年宜在 9 月份准备原料，10 月份投料，11 月份以后，沼气池的启动缓慢，同时，沼气发酵的周期延长。在发酵过程中原料在不断消耗，待沼气产气高峰过后，便要不断补充新鲜原料。自然温度发酵的沼气池，池子与猪圈、厕所是建在一起的，每天都在自动进料，一般不需考虑补料。

## 50. 沼气池大出料应注意哪些事项?

为了使下一次沼气发酵顺利进行，大出料时应该做到以下几点：

(1) 大出料应在夏秋季节，温度高时进行，在春季不宜过早，特别是不宜在冬季进行，环境温度低，沼气池很难重新启动。

(2) 大出料前10～20天停止进料，备足新的发酵原料。

(3) 大出料时，保留20%～30%含大量沼气细菌的活性污泥，作为沼气池重新启动的接种物。

(4) 下池出料一定要有安全防护措施，使进料口、出料口、活动盖口三口通风，或用鼓风的办法迅速的排出池内沼气。有条件的地方，提倡机具出料，人不下池，既方便又安全。

(5) 揭开活动盖时，不要在沼气池周围点火吸烟，禁止使用明火，以防爆炸。

(6) 大出料时一定要关闭调控净化器上的调控开关，同时打开旁通开关及灶具旋钮开关，以便空气不经调控净化器而直接进入沼气池，消除出料时池内产生的负压。出料后，调控净化器上的调控开关仍须关闭，让沼气直接经旁通开关到灶具燃烧，直到燃烧火焰正常，方可关闭旁通开关，打开调控净化器上的调控开关，然后进行脱硫。

(7) 大出料前，沼气池产气使用不正常，或有漏水、漏气情况时，应结合大出料进行系统维修，经试水试压，确定合格后方可重新加料启动。

(8) 以粪便为主要原料的沼气池，一般不用大出料；以秸秆为主要原料的沼气池发酵残渣应结合农业生产用肥高峰期，每年大出料一次；其他原料和池型应按设计规范要求，确定大出料时间。

(9) 大出料后，迅速检查沼气池，因为沼气池经过一段时间使用后，气箱容易发生溶蚀性渗漏。大出料后，还应对沼气池进行密封养护，以提高气箱密闭性，其方法是：将气箱内壁清洗干净，刷素水泥浆2～3遍。

(10) 沼气池检修完后应立即投料装水，因为沼气池都是建在地下，沼气池在装料时，其内外压力相平衡，大出料后，料液对池壁压力为零，失去平衡。此时，地下水造成的压力容易损坏池壁和池底，形成废池，尤其是在雨季和地下水位高的地方，出料后更应立即投料装水。

## 51. 沼气池内的发酵原料需要搅拌吗?

搅拌是提高产气率的一项重要措施。如不经常搅拌，就会使池内浮渣层形成很厚的结壳，阻止下层产生的沼气进入气箱，降低产气量。

农村家用沼气池一般不安装搅拌装置，可用下面两种方法：

(1) 从进出口搅拌。

(2) 从出料间掏出一部分发酵液，再从进料口将此发酵液冲到池内，可同样起到搅拌池内发酵原料的作用。

## 52. 怎样调节沼气池内的酸碱度?

沼气细菌生长发育要求一定的酸碱环境。沼气发酵适宜的pH为6.8～7.2，pH过高过或过低都会影响沼气发酵的正常产气。

有一种专门的试纸用于测定发酵液的酸碱度，使用时取搅拌后的发酵液，把一张 pH 试纸伸入发酵液中，立即取出并观察试纸颜色变化，同时与 pH 试纸附代的标准比色卡对比，从颜色的变化程度就可知道发酵料液的酸碱度。

农村沼气池偏酸较多，很少出现碱性过重引起发酵受阻现象。农村沼气发酵原料，大都采用新鲜的牛、猪、羊等粪尿，这些原料含有较多的可溶性有机物，容易迅速分解。在原料堆沤的过程中会产生过多有机酸，甲烷菌来不及把产酸菌分解产生的大量有机酸消化，装料后有可能影响正常发酵进行，发现这种情况应及时处理，可采取以下调整措施：

（1）加入适量的草木灰。

（2）取出部分发酵原料，补充相等数量或稍多一些的含氮发酵原料和水。

（3）将人、畜粪尿拌入草木灰，一同加到沼气池内。

（4）加入适量的石灰水的澄清液，不能加入石灰，同时还要把加入池内的澄清液与发酵液混合均匀，避免强碱对沼气细菌活动的破坏。

## 53. 怎样保持沼气池的发酵温度？

（1）将沼气池建于背风向阳处，北方露天的沼气池必须建在冻土层以下，发酵间上面可覆三合土，再用土覆盖、夯实；进、出料口也不宜建造得过大。

（2）沼气池进、出料口和水箱都要加盖，冬天还须用农作物秸秆覆盖 5～6 厘米厚。

（3）将沼气池建在猪圈、厕所之下，是防寒保温的有效方法之一，北方有条件的应将沼气池建在太阳能温棚内。

（4）有条件的地方，可以利用太阳能热水器，以便在补料时，加一些热水入池，以提高池内温度。

（5）在补料时可适当添加热性原料，如酒糟、马粪等。

## 54. 北方地区冬季如何做好沼气池管理？

（1）尽量将沼气池建在大棚或禽畜舍内。

**（2）冬季增加保温措施的几种方法**

①日出时充分利用光照，日落时点沼气灯保温。

②建沼气池时配建一个地灶，冬季使用地灶保温，在连续阴雨天或下雪（无阳光），用木炭或木柴点着地灶，使沼气池的周边温度控制在15～30℃。

③入冬时将半干粪便或秸秆堆盖在沼气池上，盖上农膜，利用粪便或秸秆的自身发热保温，春季气温回升后去掉。

④直接盖几层农膜，雨雪或晚间再加盖草簾（棉被）保温，农膜覆盖面积大于沼气池周边2米以上。

**（3）注意事项**

①冬季不能将冰凉的原料直接投入沼气池，在入池前应用农膜覆盖，连晒几天后再入池或直接用热水拌后投入池内。尽量在入冬前大进料一次（一般为总池容的2/3）。

②15℃以下时尽量不要去掉农膜进出料，一般在中午气温回升时进出料，进出料后应及时盖好。

③用沼气灯增温时，应将大棚拱高些（一般在2米左右），沼气压力不要大于沼气池进出口溢沼气的压力，以免沼气溢出。

④用地灶或盖秸秆时应注意防火。

⑤应注意流入池内的液体温度尽量高于15℃。

⑥冬季池子周边温度应保持在15℃以上，30℃以上最佳。

⑦干物质浓度保持在8%～12%。

## 55. 夏季如何做好沼气池管理？

沼气能够正常燃烧，表明沼气发酵的各种条件比较适宜，这时候沼气池具备一定的产气能力，发酵已进入运转阶段。这一阶段管理工作的好坏是关系到沼气池均衡产气、提高产气率的重要因素。夏季气温较高，要做好沼气池的管理应注意以下几个方面。

**（1）注意勤换料、勤出料** 对于非“三结合”沼气池，一般新池投料或沼气池大换料后30天左右，当产气量显著下降时，应及时添加新鲜原料，要求控制原料的浓度为6%～8%，夏季温度高，发酵浓度可低些。对于“三结合”建造的沼气池，让人、畜粪尿自流入池，为沼气池不断提供新鲜的发酵原料。为了保证原料在沼气池内能得到充分的分解发酵，以干物质计算，每天平均进料量，以每立方米沼气池每天不超过0.8千克为宜，即8米$^3$沼气池需干物质6.4千克，相当于32千克鲜猪粪（约6头体重为50千克以上猪的产粪量）。7～9月份可适当减少。如果存栏猪少，产粪量不足，应想法补充其他原料。在进料之前，应先出料，而且尽量使进、出料体积相当。在添加料液中，切忌加大用水量，以免降低发酵料液浓度，影响产气效果。平时出料，池内料液面应保持在进、出料口以上15厘米，否则沼气就会从进出料口溢出。“三结合”沼气池，从启动开始就向池内进料，但应对每天进料多少作一估计，一般存栏4头猪或1～2头牛，再加入人粪尿入池发酵就可以满足需要。但要结合冲刷栏舍补充沼气池中的水量，以保持发酵原料的浓度。

目前农村大多数建池农户都是以生产用肥代替出料，不用肥则不出料，这种状况应当改变。实践证明：沼气池及时出料并经常进行搅拌是保持长期均衡产气的最基本也是最有效的手段。沼气池运转时间越长产气情况越好。

**（2）注意安全发酵** 防止沼气细菌接触有毒物质引起中毒。若发生中毒，应将池内发酵料液取出一半，再投入一半新料即可正常产气。

**（3）注意勤搅拌** 经常搅拌发酵原料，有利于打破浮渣层结壳和搅动沉渣，使沼气池中的微生物与发酵原料更好地接触，使中下层产生的附着在发酵原料上的沼气，由小气泡聚集成大气泡，并上升到气箱内，可提高产气10%以上，还可使沼气池内的温度均衡。搅拌的方法可用长把物器从进料管伸入沼气池内来回拉动；也可从出料间舀出一部分发酵液，从进料口倒入池内发酵料液。每3～5天进行一次搅拌，每次搅拌3～5分钟。

**（4）注意经常检查酸碱度**　配料不当，突然更换添加原料，可能导致发酵液过酸，造成产气量下降或气体中甲烷含量减少。如发现试纸呈土黄色、橙色，说明发酵液呈酸性，应加入适量草木灰、氨水或澄清石灰水调节pH至正常范围（6～8）；若试纸显示橘红色，则表明发酵料液呈强酸性，应将大部分或全部料液取出，重新接种，投料启动。也可以通过观察出料口料液颜色进行识别：正常发酵的沼气池出料口料液呈酱油色且泡沫丰富；沼液略偏酸时，出料口料液泛绿，要停止进料，等恢复正常或淘出一部分原料，补充水以降低发酵浓度；如果出料口料液呈黑色且有白膜，表明料液酸化，应加入适量的澄清石灰水或草木灰，并补充更多接种物；如出料口料液呈灰色，表明发酵料液浓度偏低，应及时补充新鲜原料。夏季气温高，水分蒸发快、消耗大，要仔细观察并视情况向沼气池加注适量水，调节发酵浓度，以利于沼气细菌的正常活动和产气。

**（5）注意经常检修**

①夏季高温，需要对混凝土沼气池进行保湿养护，常用的保湿方法是将池顶覆土保持湿润状态。当池内压力过大，应及时用气、放气，以防较大压力长时间作用于沼气池，对池体造成破坏。

②进出料口在下雨时须采取措施，防止雨水大量渗入沼气池，造成池内压力突然增大，损坏池体。正在使用沼气时，不可进出料，尤其是不能快速进出料，避免因沼气池内出现负压引起

回火而爆炸。

③要经常检查输气用气装置和沼气池是否漏气。采用了正确的管理方法，而产气量明显下降或用气效果不好，那就要特别注意检查沼气池是否漏气，导气管与盖板连接处以及输气导管和开关等是否漏气，发现问题要及时修补或更换。

## 56. 沼气发酵促进剂有何作用?

沼气发酵促进剂是指在沼气发酵过程中，能促进有机物分解并提高产气量的那些物质。沼气促进剂在沼气发酵中有三方面作用：改善沼气微生物的营养状况，满足其营养需要；为发酵微生物提供促进生长繁殖的微量元素；改善和稳定产甲烷菌的生活环境，加速新陈代谢。促进剂用量很小，效果明显。

**(1) 常用的沼气发酵促进剂有以下几种：**

①麦麸和米糠　麦麸投入沼气池可产生醋酸并进一步形成沼气。按1米$^3$料液加入麦麸或米糠0.5千克计，用水搅拌后投入池内，可增加产气量1倍以上。

②有机物浸出液　在进料口处加一个预处理池，将稻草、青杂草、烂菜叶、甘薯藤、水葫芦、玉米秸秆等有机物浸泡池中，让浸出液流入沼气池中，可提高产气量20%左右。

③碳酸氢铵　对于以秸秆等纤维性原料为主要发酵原料的沼气池，因原料碳氮比较高，因此加入0.1%～0.3%的碳酸氢铵，可降低原料碳氮比值，促进发酵，提高产气量30%左右。

④硫酸锌　主要作用是促进沼气细菌的生长，加速纤维素分解和形成甲烷，添加量为0.01%。

**(2) 注意事项**　加入促进剂对提高沼气产量可起一定作用，但大部分促进剂不是发酵原料，它们只能起辅助作用，长期靠它们来增加产气量是不可行的，根本在于保证投入充足的发酵原料。有些促进剂具有两重性，适量添加时，对沼气发酵有促进作用；如果用量过大，超过了一定的限度时，反而对发酵会产生副作用，变为抑制剂。所以正确使用促进剂是很重要的。

## 57. 沼气池结壳有哪些危害?

农村家用水压式沼气池运行一段时间后，由于有一部分发酵原料在浮力的作用下上浮产生浮渣，进而形成结壳。若发酵间内含水量过少，发酵液过浓，容易积累大量的有机酸，发酵原料的上层易结壳。

结壳已成为当前农村水压式沼气池存在的突出问题。多年的检验证明，以人畜粪便为主要发酵原料的沼气池，一年后结壳的厚度为 18～25 厘米；以杂草、稻草为主要发酵原料的沼气池，一年后结壳厚度为 25～35 厘米。沼气结壳导致沼气池内的有效容积和贮气室减小，原料利用率降低，产气量减少。结壳严重时，可能会使沼气池变成“病池”、“废池”。

## 58. 怎样解决沼气池结壳问题?

为解决沼气池结壳的问题，各地的沼气工作者研制了一些沼气搅拌和破壳装置，有些装置有较明显的破壳效果。总结主要技术措施如下：

**(1) 休池法**　采用“休池”的方法，即每年让沼气池停止运行 5～7 天。实践证明，这种方法对解决沼气池浮渣结壳有较好的效果。

①在“休池”前，用完沼气池里所产的沼气，并打开输配系统的所有开关，使沼气池处于零压状态。

②从导气管上取下沼气连接胶管，让日常所产沼气自然向空中排放。

③继续向沼气池加料加水，使沼气池处于满装料状态。让沼

气池停止运行5～7天，使沼气池上层的浮渣浸泡在沼液中，在恒压的情况下，浮渣就会自动向下跌落形成沉渣，再利用排渣装置将沼渣淘出来。

采用“休池”方法应注意：

①要在冬季产气少的情况下进行。

②休池期间，严禁在导气管口附近用明火或在导气管上试火，以防发生爆炸。

③在休池的同时，应对沼气池的盖板和输配系统进行一次全面检查，发现问题要及时进行维修和更换。

**(2) 用四轮农用车的废气排放管向沼气池内打气来解决结壳问题** 在四轮农用车废气排放管上连接橡胶或塑料软管，从进料口放入发酵间，然后关闭沼气导气管总阀门和调控器开关，发动四轮农用车向沼气池发酵间打气，用废气气压将结壳破碎。一般向结壳沼气池中打压5～8分钟，待沼气池水压间的液体溢出，证明结壳已破，可停止加压。停止打压撤离设备后，放出因打压进入沼气池内的废气（一氧化碳）。3～5分钟后放完沼气池内的废气，水压间液体不再向外溢出，停止排气，即可打开导气管阀门和调控器开关进行点火使用。

## 59. 为何沼气池原来产气很好，后来产气明显下降或不产气?

（1）开关或管路接头处松动漏气，或是管道开裂，或是管道被老鼠咬破，或冬季输气管内结冰堵塞。

（2）活动盖被冲开。

（3）沼气池胀裂，漏水漏气。

（4）压力表中的水被冲走。

（5）用气后忘记关气阀或关得不严。

（6）池内误入了农药等有毒物质，抑制或杀死了沼气细菌。

## 60. 如何做好沼气池的养护？

**(1)** 做好“三勤”工作（勤检查、勤分析、勤维修）发现问题随时解决。一般在沼气池投料以后不能正常产气要从以下几个方面排查。

①压力表上显示始终未超过某一数值，或者是进料后一直未能产气，水位无变化，此类池为漏气池。

②平时产气正常，突然气压降为零，以后不再回升，此类池既漏气又漏水，池内很可能破裂。

③压力表水柱上下微小波动，说明有小漏气现象，可将导气管接头处胶管卡死，如压力表水柱不下降也不波动，则肯定是导气管接头处或池盖漏气；要拔出导气管，灌上水，水中冒气泡，则是导气管漏气，否则肯定是池盖漏气。

④开关一打开，压力表水柱下降很多，同时烧火时，火忽大忽小，输气管有响声，说明输气管内有积水，要尽快排除。

**(2)** 在大出料后，做好沼气池的密封。要把沼气池的池盖内表面清洗干净，满刷 2 遍水泥净浆；活动盖上的蓄水池要始终有一定量的水，因为活动盖主要靠黏土来密封，一旦缺水，黏土干裂，就必然出现漏气。为防止池盖因烈日曝晒而漏气，要经常向池盖的覆土层浇水，有利于保证池盖的密封性能。在入冬时要加盖保温层，既能保护池身不被冻坏，同时又能提高沼气池冬季产气率。

**(3)** 沼气池不能空置过久，否则损坏池体。不管是新沼气池还是大出料后的旧沼气池均要及时进料（暂时无料，可进半池水），原因有三方面：

①地下水位高，可能冲破池底。

②夏季太阳曝晒容易龟裂，冬季冻坏池身。

③人为因素弄坏池体。

**(4) 沼气池的潮湿养护** 目前使用的大部分沼气池均为水泥结构，而水泥是一种多孔材料，在干燥的天气，其毛细孔开放，容易造成漏气，因而必须使池子长期处于潮湿养护状态。

①新建沼气池加上夹层水，可以提高密封效果。

②在池顶覆盖土层，在土层上养花、种菜，以保持沼气池池体的湿润。

③为防止沼气池池顶的水分蒸发，在池顶打一层"三合土"（石灰＋黄泥＋砂或谷壳）；或者在池顶铺一层柏油；也可在池顶土层上铺一层粗砂或煤渣，再加一层"三合土"；或者在池顶铺一层废塑料薄膜，以截断土壤的毛细孔，防止水分蒸发。保湿层的面积应大于池顶的水平面积。

**(5) 防止沼气池暴晒** 新建的沼气池，经检查符合质量要求后应立即装料、装水，不要空池晾晒。否则池子的内外压力失去平衡，损坏池墙，或池底被地下水压坏，会发生沼气渗漏现象。干旱季节不宜大换料，若农时季节需要肥料，必须大换料时，要备足发酵原料，及时装料，要尽快缩短空池时间。暂时备不足发酵原料时，千万不能把池子淘空，应加盖养护，以防空池暴晒。

**(6) 防腐蚀** 由于沼气池内部经常受发酵原料的侵蚀，对水泥和其他建筑材料均有轻微的腐蚀作用。当沼气池使用几年后，密封层受到破坏，部分砖砌材料或粉刷的水泥脱落。所以，在每次大换料时应将池壁洗刷干净，把池壁的坑凹处抹平，再刷一至两遍纯水泥浆，或水泥、水玻璃浆、塑料胶等。

## 61. 如何安全管理户用沼气池?

沼气是一种易燃易爆的混合气体，含有一氧化碳、硫化氢等有毒气体和甲烷、二氧化碳等有害气体，使用不当会酿成人畜窒息中毒伤亡事故。在制取和使用沼气时，务必注意安全，采取保护措施。

（1）沼气池进料口、出料口（水压间）必须加防护盖，防止人、畜掉进池内造成伤亡，严禁随意揭开防护盖。沼气池平时进料，如一次加料量大，只能慢慢加入，以免池内压力突然增大过多而损坏池体及输气系统。如一次出料过多，当压力表水柱下降到“0”时，应打开开关，以免池内形成负压而损坏沼气池，出料完毕或当压力表水柱恢复到“0”以上时，应及时关闭开关。

（2）沼气压力表顶端最好装上安全阀，并经常观察水柱变化。如水柱因长期使用蒸发而缩短，应及时补加适量的水，以免水柱因气压突然增大而被气流冲出，形成气流通路。沼气灯、灶具及输气管道不能靠近柴草等易燃物品，并经常检查输气管、阀门及其他附件有无漏气现象。如在厨房或管道附近闻到臭鸡蛋味，表明有漏气现象，此时切勿使用明火，要立即关闭开关，打开门窗，寻找漏气原因。

（3）严禁在沼气池附近，尤其是导气管、进出料口和贮气箱旁使用明火、吸烟，以免回火入池，导致沼气池爆炸。

（4）一般情况下不要入池出料，需要入池出料和检修沼气池时，必须采取必要的安全措施。

（5）要教育小孩严禁在沼气池边和输气管道上玩火，严禁随便扭动开关。

（6）不准不检查就使用。沼气池使用前，应紧固输气管道各接头，并用肥皂水检查各接头是否有漏气现象，确认无漏气现象后，方可投入正常使用；如果漏气，要立即更换或修理，以免发生火灾。

（7）每天要观察凝水器（过压保护装置）的水面变化情况，当凝水器水面低于原水位时，要添加至原水位，切忌不能超过原水位。

（8）严禁在室内和日光温室内放气，以防引起中毒和爆炸事故。

（9）试火必须在灶具上进行，严禁在沼气池导气管和输气管路试火。

（10）一次加料或出料量较大时，必须打开总开关，关闭室内总开关，防止空气进入脱硫瓶，慢慢加料或出料，以免损坏池体。

（11）使用沼气灶时，不准离人，以防火焰被风吹灭或被水、油、稀饭淋熄产生沼气泄漏，引起室内空气污染、火灾，造成对人体的伤害和财产损失。

（12）沼气灶不准靠近输气管道、电线及易燃品，以防引起火灾。一旦发生火灾，应立即关闭沼气开关，切断气源。使用沼气时，不准先开气后点火，要先点燃引火物再扭动开关，先开小火，待点燃后，再全部扭开，以防沼气喷出过多，烧到身体或引起火灾。

（13）不准随意加料加水，加料加水时，应打开放气开关，慢慢加入，以免损坏沼气池。在日常进出料时不准使用沼气炉具，严禁明火接近沼气池。

## 62. 沼气池为什么会发生爆炸?

引起沼气池爆炸的原因一般有两种情况：

（1）新建沼气池投料产气后，不正确地在导气管上试火，引起回火，使池内沼气猛烈膨胀爆炸，使池体破裂。

（2）出料时，池内形成负压，这时点火用气，容易发生内吸现象，引起火焰入池，发生爆炸。

## 63. 为避免沼气池发生爆炸，应当采取哪些防范措施?

（1）检查新建沼气池是否产生沼气时，要通过输气管将沼气输送到灶具上试验，严禁在导气管上直接点火试验。

（2）池内如果出现负压，要暂时停止点火用气，并马上投加发酵原料，等到出现正压后再使用。

（3）首次使用沼气时，因池内甲烷气体浓度低，应对产气后的沼气池多放气，排出其他不利气体，以防万一。

（4）填料时应按规定填足，使发酵原料达到规定的量，保证所产的甲烷气充足，降低其他气体浓度，达到适宜燃烧的浓度，从而保证沼气池的安全。

（5）使用沼气应当按照操作程序操作，应先划燃火柴或点燃引火物，再打开开关点燃沼气。如先将开关打开后再点火，容易烧伤人的面部和手，甚至引起火灾。

## 64. 为什么不准靠近沼气池边点火试气？

在沼气池边点火，可能会出现两种事故：一是发生火灾；二是造成沼气池爆炸伤人。

当沼气池产气较多，压力较大时，在导气管、活动盖口点火照明或试气，由于火力较猛，火苗较长，很可能点燃周边物品，造成火灾。即使沼气池产气不多，若在导气管或活动盖口处点火，由于沼气消耗，沼气池内压力减小，火会燃进沼气池，池内气体因温度升高，体积会上百倍膨胀，造成爆炸事故。

因此，严禁在沼气池旁边点火试气或照明。点火试气一定要在沼气灶上进行。

## 65. 沼气中导致中毒的成分有哪些？

沼气一般含甲烷50%～70%，含$CO_2$ 30%～40%，和少量的氮气、氢气、氨气、一氧化碳硫化氢、磷化氢等，具体成分取决于底物的有机物成分和消化程度。例如：硫化氢在沼气成分中通常仅占0～0.1%，当污水中含有大量蛋白质或硫酸盐时，硫化氢的含量会达到1%；沼气中通常含有痕量磷化氢，当有油麸、骨粉、棉籽饼、磷矿粉、动物尸体等含磷有机物时，含量会明显增高。

甲烷、$CO_2$、氢气、氮气都是无毒性的气体，但是如果它们在空气中的含量过高会使空气中氧气的分压降低，致使人体动脉血血红蛋白氧饱和度和动脉血氧分压降低，导致组织供氧不足，引起缺氧窒息。

若空气中甲烷含量达到25%～30%时，人们就会产生头痛、头晕、恶心、注意力不集中、动作不协调、乏力、四肢发软等症状；若达到45%～50%以上时，人们就会因严重缺氧而出现呼吸困难、心动过速、昏迷、窒息死亡。

若$CO_2$在空气中含量达到3%时，人体会感到呼吸急促，达到10%时，就会丧失知觉、呼吸停止而死亡。

硫化氢为窒息性和刺激性有毒气体，亦是一种神经毒剂，具有“臭鸡蛋”气味，但极高浓度的硫化氢会很快引起人的嗅觉疲劳而不觉其臭。低浓度接触对人体仅有呼吸道及眼的局部刺激作用，高浓度时全身作用较明显，表现为中枢神经系统症状和窒息症状。吸入的硫化氢进入人体血液分布至全身，与细胞内线粒体中的细胞色素氧化酶结合，使其失去传递电子的能力，造成细胞缺氧。硫化氢还可能与体内谷胱甘肽中的巯基结合，使谷胱甘肽失活，影响生物氧化过程，加重了组织缺氧。硫化氢接触湿润黏膜，与液体中的钠离子反应生成硫化钠，对眼和呼吸道产生刺激和腐蚀，可致眼结膜炎，呼吸道炎症，甚至肺水肿。由于阻断细胞氧化过程，心肌缺氧，可发生弥漫性中毒性心肌病。高浓度（1 000毫克/米$^3$以上）硫化氢，主要通过对嗅神经、呼吸道及颈动脉窦和主动脉体的化学感受器的直接刺激，传入中枢神经系统，先是兴奋，迅即转入抑制，发生呼吸麻痹，以致“电击样中毒”。

一氧化碳是一种无色、无臭、无味的有毒气体。空气中含量为0.1%，就会引起中毒，如果含量大于1%，有可能致人死亡。

致毒的原因是一氧化碳与人体血液中的血红蛋白发生加合作用，生成羰合血红蛋白，使血红蛋白失去输氧能力，导致人体严重缺氧。

氨气是一种无色有刺鼻臭味的气体，对黏膜和皮肤有碱性刺激及腐蚀作用，可造成组织溶解性坏死。高浓度时可引起反射性呼吸停止和心脏停搏。人接触553毫克/米$^3$浓度的氨可发生强烈的刺激症状，可耐受1～5分钟；3 500～7 000毫克/米$^3$浓度下可立即死亡。

磷化氢属高毒类物质，浓度在1.4～4.2毫克/米$^3$时，可闻到特有的腐鱼样气味，10毫克/米$^3$浓度下接触6小时有中毒症状，409～846毫克/米$^3$浓度下接触0.5～1小时可致死。

## 66. 沼气池内为什么会发生窒息中毒?

（1）在沼气池投料正确的情况下，沼气池中大多是甲烷和$CO_2$，几乎没有供人进行呼吸的氧气，若人进入沼气池，通常会发生窒息事故。

（2）进、出料口被粪渣堵塞，空气不能流通；池子建在室内，空气流通不好，又没有向池内鼓风，不能把池内的残留气体排除。沼气池打开活动盖后，甲烷、一氧化碳等比空气轻的气体，逐渐溢出池外，而$CO_2$比空气重（为空气的1.52倍），在空气流通不良的情况下，仍能留在池内，造成池内严重缺氧。所以，如不采取措施，人入池后就会造成窒息、中毒事故。

（3）沼气池投料时，加入了产生毒素的原料，就会产生有毒气体，人呼吸到有毒气体，就会发生中毒事故。比如，大量加入鸡粪、油菜秆、油枯或磷酸钙等物质，在厌氧的条件下，会产生剧毒的磷化氢。

## 67. 沼气池内有料液时，为什么不准下池检查、维修？

沼气池投料后，就会产生沼气，沼气的主要成分是甲烷和$CO_2$，氧气含量很少，如果此时人进入沼气池，很快就会因为缺氧造成呼吸困难，甚至窒息死亡。所以在沼气池内有原料时，严禁进入沼气池。若发现沼气池漏气、漏水需要进入检查，一定要在池外将料液出净后方可下池，进入出料间淘料，要系好安全绳，并有专人看护，稍感不适，就要上来休息，千万不能勉强，以免发生事故。

## 68. 进入沼气池作业时，应采取哪些安全措施？

沼气池是严格密封的，里面充满沼气，氧气含量很少，即使盖子打开后，沼气也不易自然排除干净。因此下池检修或清除沉渣时，必须提高警惕，采取安全措施，防止窒息和中毒事故的发生。

（1）清除沉渣或查漏、修补沼气池时，应先将输气导管取下，发酵原料至少要出到进、出料口挡板以下，有活动盖板的要将盖板揭开，并用风车或小型空压机等向池内鼓风，以排出池内残存的气体。待池内有了充足的新鲜空气后，人才能进入池内。入池前，应先进行动物试验，可将鸡、兔等动物用绳拴住，慢慢放入池内。如动物活动正常，说明池内空气充足，可以入池工作，若动物表现异常，或出现昏迷，表明池内严重缺氧或有残存的有毒气体未排除干净，这时严禁人员进入池内，而要继续通风排气。

（2）下池的人员要在腰部系上保险绳，搭梯子下池，池外要有人看护，以便一旦发生意外，能够迅速将人拉出池外，进行抢救，禁止单人操作。入池操作的人员如果感到头昏、发闷、不舒服，要马上离开池内，到池外空气流通的地方休息。对进入停用多年的沼气池出料时要特别注意，因为在池内粪壳和沉渣下面还积存一部分沼气，如果麻痹大意，轻率下池，不按安全操作规程办事，很可能发生事故。

（3）不能将火柴、煤油灯、蜡烛等明火带入池内，在入池出料维修、查漏时，只能用手电筒或镜子反光照明。

（4）禁止池内用明火烧余气，防止失火、烧伤或引起沼气池炸裂。

（5）对于无拱盖的沼气池，如需进入池内检修，或换料、清理沼渣时，要拔下沼气池口的输气管后从水压间舀出料液，清理池底层沼渣时，可用一长把粪勺把池底沼渣淘出来。进池内检修前，必须把料全部清出来后，再敞口1～2天，或从出料口往池内鼓风，确保安全后，方可下池。大力推广“沼气出肥器”，这样可以做到人不入池，既方便又安全。

## 69. 若发生入池人员中毒、窒息，如何进行抢救？

一旦发生入池人员中毒、窒息情况，要立即组织力量进行抢救。抢救时，要沉着冷静，动作迅速，切忌慌张，以免发生连续窒息、中毒事故。

（1）用风机等连续不断地向池内输入新鲜空气，同时迅速搭好梯子，组织抢救人员入池。抢救人员要拴上保险绳，入池前要深吸一口气（最好口内含一胶管，胶管的一端伸出池外通气），尽快把昏迷者搬出池外，放在空气流通的地方，并向“120”呼救。

（2）如昏迷者口中含有料液，应先用清水冲洗面部，掏出嘴里的污物，并抱住昏迷者的腹部，使其头部下垂，吐出肚内料液，再进行人工呼吸和必要的药物治疗。

（3）如已停止呼吸，要立即进行人工呼吸，做胸外心脏按摩。经初步处理后，送往附近医院抢救。

## 70. 沼气使用不当，发生人身着火后怎样应急处理？

沼气是可燃气体，一旦泄露遇明火或使用不当可能会着火，形成火灾，造成人员财产损失。若沼气池内着火，要从沼气池口往内泼水灭火，一旦发生人身着火，应迅速脱掉着火衣服，或卧地慢慢打滚，或跳入水中，或由他人采取各种办法灭火。严禁用手扑打和奔跑，以免助长火势。

火灭后，剪开被烧衣服，用清水冲洗身上污物，并用清洁衣服或被单裹住伤口或全身，送医院急救。

# 第五章　户用沼气设备的安全使用

## 71. 沼气输气管道及管道配件有哪些?

**（1）沼气输气管道**　沼气通过输气管才能导入灯具、灶具上使用。输气管道材质要求气密性好，耐老化、耐腐蚀，价格低廉。常用的输气管道有钢管、铸铁管和塑料管等。农村户用沼气输气管道常选用聚乙烯管（图5-1）和聚氯乙烯管(图5-2)。

图5-1　聚乙烯管

图5-2　聚氯乙烯管

一般室外管道选用内径为12～16毫米的聚乙烯管、聚氯乙烯管或铝塑复合管；室内管道选用内径为8～10毫米的聚乙烯管、聚氯乙烯管等。

**（2）管道配件**　主要有：导气管、直通、三通、四通、弯头、开关等。

①导气管。导气管是指安装在沼气池顶部或活动盖上的出气

短管。其质量要求是耐腐蚀，具有一定的机械强度，内径一般不小于12毫米。常用材质为铜、铝、镀锌钢管、ABS工程塑料管、PVC管等。新能牌导气管（图5-3）管壁外侧设计有“海参刺”和环形密封圈。“海参刺”保证了导气管与混凝土接合牢固，环形密封圈保证了导气管与混凝土接合紧密，解决了因塑料与混凝土收缩不一致而使沼气池漏气问题。

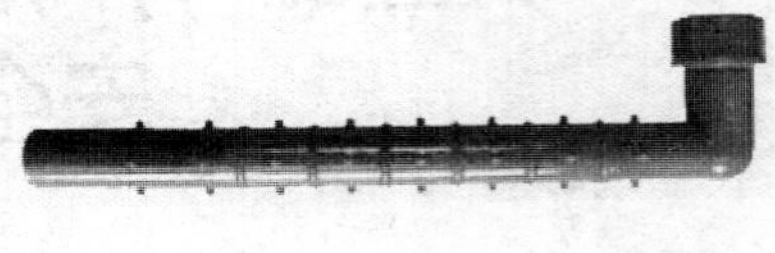

图5-3 导气管

②管件。沼气管件包括直通、三通、四通、变径接头、弯头等（图5-4），管件一般为塑料制品。软塑管接头内径要求不小于6毫米，可带有一点锥度以适应与内径8～12毫米的软塑管连接。硬塑管接头采用承插式胶结连接，其内径与管径相同。变径接头要求与连接部位的管道口径一致，以减少间隙，防止漏气。所有管接头要求内壁光滑顺畅，无毛刺，具有一定的机械强度。

图5-4 管 件

③开关。沼气开关是控制和启闭沼气的关键附件，它的质量好坏，直接影响到沼气的正常使用。开关应满足耐磨、耐腐蚀、内壁光滑、有一定机械强度的要求。其质量要求是气密性好，通气孔内径一般不应小于6毫米，转动灵活，光洁度好，安装方便，两端接头要能适应多种管径的连接。户用沼气池常用的开关有铜质开关（图5-5）、铝质开关（图5-6）和塑质开关（图5-7）。目前很多地方使用的是铜质开关，易被硫化氢腐蚀，存在易锈蚀、卡涩、漏气等问题，不建议使用。而塑料球阀开关，材料便宜，耐腐蚀，通气孔大于6毫米，密封性好，使用寿命长，值得推广。

图 5－5　铜质开关

图 5－6　铝质开关

图 5－7　塑质开关

## 72. 对沼气输气管有哪些质量要求？

（1）能够承受 10 千帕的压力不泄漏，耐腐蚀、耐老化、抗拉伸。

（2）管壁要均匀一致，内壁光滑。

（3）管材与管件安装连接方便，维修方便。

沼气输气管多采用聚乙烯管。聚乙烯管主要有以下优点：

①密度小，质量轻，塑料管密度是钢管的 1/4，可以套装，便于运输，安装方便，施工费用与传统管相比可降低 30%～50%。

②管道维修方便。

③使用寿命长。铸铁管使用寿命为 30 年，而塑料管的使用寿命可达 50 年。

④具有优良的挠曲性，抗震性能强，在紧急事故时可夹扁抢修，施工遇有障碍时可灵活调整。

⑤管材内壁光滑，抗磨性能好，沿程阻力小，避免了沼气中杂质的沉积，提高了管道的输送能力。

安装前，要检查输气管是否漏气，尤其是埋地输气管必须检查。

检查方法：将管子放在水中，堵住管口的一端，用打气筒向另一端打气或吹气，观察管子的周围有无气泡冒出。如无气泡，则输气管不漏气，反之则漏气。

输气管内径的大小，要根据沼气池的容积，用气距离和用途来决定。如沼气池容积大，用气量大、用气距离较远则输气管的内径应当粗一些。一般农户使用的沼气池输气管的内径以8～10毫米为宜，内径小于8毫米不能使用。用于动力的大沼气池，由于耗气量较大，输气管内径应在20毫米以上。暴露在室外的塑料（或橡胶）输气管，由于日晒雨淋，时间长了，就会老化破裂。在输气管外面套上塑料硬管（或竹管）可延长使用寿命。埋地敷设的输气管也可在外面套上塑料管、铁管或砖砌沟槽。输气管走向要合理，要有坡度，朝沼气输送方向倾斜0.05%，而且越短越好，过长的管子要截掉。不要盘成圈，挂在墙上或其他地方，这样等于增长管道距离而使沼气压力损失增大。不允许使用再生塑料管作为输气管。

## 73. 如何正确安装室外输气管线？

沼气输配管网系统确定后，需要具体布置输气管线。输气管线应能安全可靠地供给各类用户，保证压力正常，满足使用上的要求，同时要尽量缩短线路，以节省材料和投资。

乡镇沼气输气管线的布置应以全面规划，远近结合，近期为主，分期建设为原则。在布置输气管线时，应考虑输气管道的压力状况，街道下各种管道的性质，街道交通量及路面结构情况，街道地形变化及障碍物的情况，土壤性质及冰冻深度，以及与管道相连接的用户情况。布置输气管线时应注意如下事项。

（1）输气干管的位置应靠近大型用户，为保证沼气供应的可靠性，主要干线应逐步连成环状。

（2）沼气管道一般情况下为地下直埋敷设，在不影响交通的情况下也可架空敷设。

（3）沼气埋地管道敷设时，应尽量避开主要交通干道，避免与铁路、河流交叉。如必须穿越河流时，可敷设在已建桥梁上或敷设在管桥上。

(4) 管线应少占良田好地，尽量靠近公路敷设，并避开未来的建筑物。

(5) 在输气管道不得不穿越铁道或是主要管道干道时，应敷设在套管或地沟内。

(6) 在输气管道必须穿过污水管、上下水管时，输气管必须置于套管内。

(7) 输气管道不得敷设在建筑物下面、高压电线下、动力和照明电缆沟道旁和易燃、易爆材料及腐蚀性液体堆放物场所。

(8) 地下输气管道的地基宜为原土层，凡可能引起管道不均匀沉降的地段，对地基应进行处理。

(9) 沼气埋地管道与建筑物基础或相邻管道之间的最小水平净距见表5-1。

**表5-1 输气管与其他管道的水平净距（米）**

| 建筑物基础 | 热力管<br>给水管<br>排水管 | 电力电缆 | 通信电缆 | | 铁路钢轨 | 电杆基础 | | 通信照明电缆 | 树林中心 |
|---|---|---|---|---|---|---|---|---|---|
| | | | 直埋 | 在导管内 | | ≤35千伏 | ≥35千伏 | | |
| 0.7 | 1.0 | 1.0 | 1.0 | 1.0 | 5.0 | 1.0 | 5.0 | 1.0 | 1.2 |

注：当采用塑料管时，距热力管为2米。

(10) 沼气埋地管道与其他地下构筑物相交时，其垂直净距离见表5-2。

**表5-2 沼气管与其他管道的垂直净距（米）**

| 给水管<br>排水管 | 热力沟<br>底或顶 | 电缆 | | 铁路轨底 |
|---|---|---|---|---|
| | | 直埋 | 在导管内 | |
| 0.15 | 0.15 | 0.5 | 0.15 | 1.2 |

注：当采用塑料管时应置于钢套管内，垂直距离为0.5米。

(11) 输气管道应埋设在冻土层以下，且当埋在车行道下，其管顶覆土厚度不得小于 0.8 米；埋在非车行道下不得小于 0.6 米。

(12) 输气管道坡度小于 0.3%。在管道的最低处设置凝水器。一般每隔 200～300 米设置一个。输气支管坡向干管，小口径管坡向大口径管。

(13) 架空敷设的钢管穿越主要干道时，其高度不应低于 4.6 米。当用支架架空时，管底至人行道路路面的垂直净距一般不小于 2.2 米。有条件地区也可以沿建筑物外墙或立柱敷设。

(14) 埋地钢管应根据土壤腐蚀的性质，采取相应的防腐措施。

安装输气管时，要保证沼气畅通无阻，折弯处应用管件连接，开关和压力表、灶具的连接处一定要卡紧。天气寒冷时输气管较硬，可用热水烫一下，使其变软再连接，不要硬挤以免使管接头受损裂缝。在输气管道上要安装总开关和排气（水）开关。一是为方便检修。在离沼气池较近的输气管道适当位置上安装一个“球阀”总开关，有利于检测沼气输气管道及用气设备的气密性和维修输气管道与用气设备。二是为方便排水放气，在沼气池输气管道安装的“球阀”总开关与沼气输气管进入室内之间的输气管道最低处，安装一个排气（水）开关，用于排放输气管道中的积水以及沼气池进、出料液时进行排气和进气。当沼气产气旺盛或沼气用户较长时间不用沼气时，可在室外打开排气开关放气，确保沼气管理安全。

## 74. 如何正确安装室内输气管线？

(1) 室内沼气管道一律采用明管安装，不得埋在室内地下或露在地面上。

(2) 室内水平管可沿墙壁架设，在厨房内的高度不低于 1.7

米，其坡度不小于0.005，并由U型压力计处分别坡向立管和灶具。

（3）立管末端可用三通及凝水器来排除积水。

（4）为防止横向管道产生过大挠度，应使用钩钉管托等固定管件，钩钉间距为0.5～0.8米，立管长为1米。

（5）沼气管道与烟道的距离保持在50厘米以上，与照明电线的平行距离为10厘米，距明装动力线30厘米；与照明电线的交叉距离为3厘米，与明装动力线的交叉距离为10厘米。

（6）开关用旋塞装在U型压力计的前面，用气时可用开关调节压力大小。

（7）沼气吊灯距房屋屋顶不小于1米，同时不要靠近蚊帐，以免引起火灾。

（8）沼气灶具应设在厨房内，不允许放在炕头附近。厨房应具有良好的通风，房间高度不低于2米，厨房若是卧室的套房，应安门隔开。

（9）确定灶具位置时，要注意周围的材料能够耐热，附近无易燃物品，灶具应放在通风良好的地方，但又应该避风，以免火焰被风吹灭，否则应加上防风装置。

（10）灶具的位置应尽量使户内管道走向合理，距离最短，且便于操作。灶具如放在灶膛内使用时应注意排烟，通常炉口直径比常用锅直径大12毫米左右为宜。

## 75. 如何正确安装沼气输气管道配件？

沼气输气系统在施工和安装过程中，应做好外观检查，检查管道及配件材料、规格是否符合要求。检查线路布置是否符合近、直的原则，连接处有无松动和脱开，固定是否牢固，埋设深度、管沟坡度等是否符合要求，集水器安装数量和位置是否符合要求，有无不必要的管道附件，管路是否美观等。

沼气管道安装完毕后，从导气管到灶具的所有管道都必须进行气密性检验。池体检验合格后，将管道从导气管上拔下来，用开关关闭，然后从连接灶具的管道处，向管内充气，使压力表水柱上升到80～100厘米，关闭开关，在24小时内压力下降在3%以内为合格。如果管道过长或分支多又未达到合格时，可在分支处加装开关，分段进行检测，最后进行系统检验。检查漏气部位时，可用肥皂水涂抹或用水浸泡，找出漏气的地方进行修理后重新检验，直至合格为止。

## 76. 甲烷检测仪的检测方法有哪些?

甲烷检测仪是一种检测甲烷浓度的仪器，是沼气建设中国家重点支持配置的仪器。甲烷检测仪在村级服务网点的应用主要包括：沼气池项目验收，沼气池故障诊断，沼气灶具故障诊断，沼气池和沼气管路气体泄露检测，沼气池维修。其中前三者的目的是测量高浓度（40%～80%）的甲烷，后两者主要测量低浓度（0～5%为甲烷的低爆炸极限）的甲烷，因此合理选择沼气分析仪，对于沼气池验收、病池诊断、灶具故障诊断、管路泄露检测等具有重要意义。

沼气成分分析以及沼气泄露报警的检测方法主要有：热催化燃烧方法、热导元件方法和红外测量方法。

**（1）热催化燃烧方法** 检测甲烷泄露最有效、最经济的方法是催化燃烧（黑白元件）方法。两只元件用铂丝加热到400℃，当空气中含有可燃气体时，测量元件在催化剂的作用下，元件表面发生催化反应，使温度上升，通过测量两只元件的温差就能判断出甲烷的含量。但是，载体催化元件有个致命缺陷，只能检测浓度为4%以下的甲烷气体，当空气中的瓦斯浓度超过5%时，元件就会发生“激活”现象，造成永久损坏。

**（2）热导元件方法** 不同气体的导热系数存在差别，热导元件检测方法就是根据气体的这一特性，来确定气体的体积浓度。沼气的主要成分是甲烷和$CO_2$，被测沼气的导热系数由甲烷和$CO_2$共同决定。对于彼此之间无相互作用的多组分气体，其导热系数可近似地认为是各组分导热系数按组成含量的加权平均值。根据沼气的导热系数与各组分导热系数之间的关系，可实现沼气成分的多组分气体的含量分析。但是该传感器对于低浓度测量有很大局限性，低于5%的甲烷无法测量，如果用于泄露报警将会造成很大的误差。

**(3) 红外测量方法**　异种原子构成的分子在红外线波长区域具有吸收光谱，其吸收强度遵循朗伯—比尔定律。当对应某一气体吸收波长特征的光波通过被测气体时，其强度将明显减弱，强度衰减程度与该气体浓度有关。由于红外沼气分析方法采用物理原理，分析气体不与传感器发生反应，因此寿命很长，可以达到10年以上。该类型传感器不仅可以用于沼气泄露的低浓度报警，也可以用于高浓度的沼气成分测量。

在选择配置时需要考虑仪器的仪器功能、仪器质量保障体系、使用寿命等因素。在利用红外、热导、热催化原理的甲烷检测仪器中，可优先选择红外方法的仪器。如果仅测量沼气成分或者检测泄露，可以考虑基于热导和热催化原理的仪器。

## 77. 便携式甲烷检测仪有何功用？如何正确使用？

便携式甲烷检测仪由控制器、探测器、信号电缆等组成，常见的便携式沼气检测仪如图5-8、图5-9所示。

XN-Ⅱ型沼气甲烷成分测量仪是根据市场的实际需求而设计的测定沼气所含甲烷百分比浓度的一种简易测量仪器。产品采用了灵敏度高、线性度好的气敏传感器，简化了电路设计，整机操作方便，读数直观，维修便利，可靠性高，价格便宜，可广泛

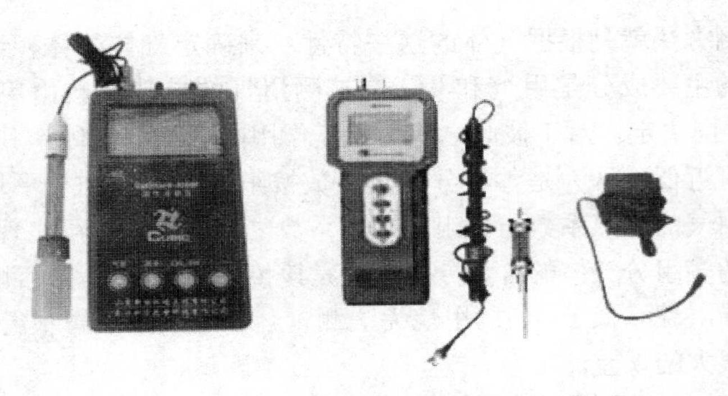

图 5-8　GASBOARD-3200P 型沼气检测仪

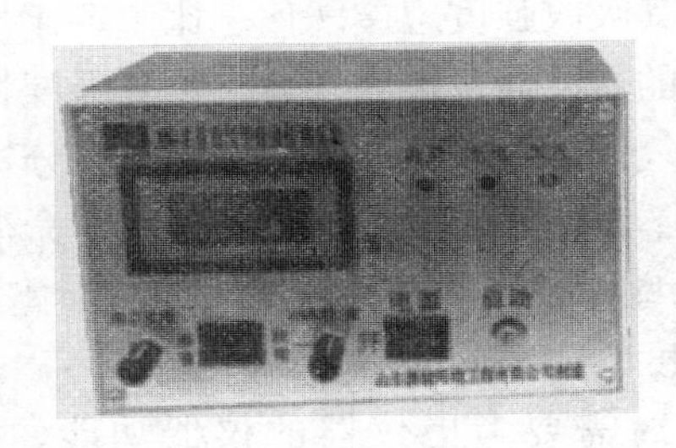

图 5-9　XN-Ⅱ型沼气甲烷成分测量仪

适用于广大农村沼气用户测定沼气中的甲烷含量。XN-Ⅱ型沼气甲烷成分测量仪具有使用寿命长、不易损坏、灵敏度高、稳定性强、功耗低等优点，其主要技术参数见表 5-3。

**表 5-3　XN-Ⅱ型沼气甲烷成分测量仪主要技术参数**

| | |
|---|---|
| 测量范围 | 0～100%（$CH_4$） |
| 测量显示 | 三位半数字表头 |
| 误差范围 | <±2%（正常环境下，温度 20℃，湿度 70%） |
| 使用电源 | 直流 6 伏蓄电瓶 4 安时<br>交流 220 伏充电电源 |
| 响应时间 | 10 秒 |
| 消耗功率 | 0.5 瓦 |

**(1) XN-Ⅱ型沼气甲烷成分测量仪的正确使用方法**

①零点校正。先打开底部测量气室的塑料盖，让新鲜空气充满测量气室约10分钟后，接通“电源”开关，此时面板上“测量”指示灯“绿灯”亮。调整“零点校准”电位器，使表面指示000.0。将选择开关置于“测量”位置。

②满度校准。选择开关置于“满度校准”位置，调整“满度校准”电位器，使表面读数为050.0。将选择开关置于“测量”位置，检查零点是否正确，如有偏差，可再调整“零点校准”电位器，使得表面读数为000.0。

③测量。盖上测量气室塑料盖，将沼气输出塑料管接到测量气室进口嘴上，将沼气缓缓送入测量气室内，等到测量气室内均匀充满沼气时，关闭沼气阀门输出，此时数字表显示一个稳定的读数，即为沼气中含甲烷百分比的读数。

④测量结束后，拆除沼气输出塑料管，打开背部气室塑料盖，让气室内气体更换为新鲜空气，让表面读数逐渐恢复到000.0读数，如有误差，再重复进行“零点校准”和“满度校准”步骤，等待下一次测量。

⑤充电。蓄电瓶用了一段时间后（连续工作24小时时），必须对蓄电瓶进行充电，可将充电电源线插头插入220伏交流电网上，“充电”指示灯红灯亮，表示充电电路已对蓄电瓶进行充电，此时，测量仪仍可进行测量工作，一般情况下，连续充电12小时后即可。

⑥欠压指示。若测量仪长时间工作后，未能及时充电，电瓶处于亏电状态，仪器面板右上角“欠压”黄色指示灯亮，此时电瓶电压已接近（或低于）5伏，指示仪器必须充电，否则将影响电瓶使用寿命。

**(2) XN-Ⅱ型沼气甲烷成分测量仪在使用中的注意事项**

①气敏传感器的使用要求。该测量仪必须有足够的预热老化时间（10分钟以上），以保证测量仪的“零点”有足够的稳定

性，老化时间越长越稳定。因此，要求在每一次测量前必须进行“零点校准”和“满度校准”。

②“校零”前必须更换气室气体，让气体内充满新鲜空气，以保证“校零”准确。

③搁置不用后必须每月对蓄电瓶进行一次充电，以保证蓄电瓶的使用寿命，并保证测量仪能正常工作。

④测量仪应该放置在平稳、干燥无腐蚀性可燃性气体的环境下，尽量避免雨淋、暴晒、震动和冲击。

⑤将电源开关打开，按下底部按钮即接通测量仪电源，数字表面有相应数字显示。蓄电瓶有自我保护功能，即从接通供电线路时起，约40分钟左右电源电路自动关闭，需重新按动一次启动按钮才可继续进行测量。测量结束后必须关闭电源开关。

## 78. 怎样检查输气管道是否漏气？如何处理漏气问题？

**（1）检查输气管道漏气的方法**

①关掉总开关。

②将沼气池到灶具的输气管的开关关上，再将连接炉具一端的输气管拔下，把输气管接炉具的一端用手堵严，然后将沼气池导气管一端的输气管拨开。

③向输气管内吹气或用打气筒打气，U型压力表水柱达30厘米以上（或是到压力表数值变为4～6千帕时）迅速关闭沼气池输送到炉具的管道开关，堵住管口或用手捏紧管口，使管口不漏气。

④观察压力表变化，3分钟后压力不下降，说明输气管道不漏气；若数值下降，说明输气管道漏气，应寻找漏气部位。

⑤若判断哪些地方漏气，可以再往输气管道内吹气或用打气筒打气，使U型压力表水柱达30厘米以上，或压力表数值达到8千帕。

⑥用毛刷蘸肥皂水或洗衣粉水，往管道上刷，重点应检查管道的接口部位，出现气泡的地方即为漏气部位，及时检修。

**（2）发现沼气管道漏气时的处理方法**

①马上关闭沼气池出气管处的总开关，以防进一步漏气。

②在管道漏气的地方严禁有火源及电火花，直到沼气稀释散尽；若是室内管道漏气，除了严禁有火源及电火花外，还应马上打开门窗通风，使沼气散尽。然后再对漏气部位进行检修，修理后应进行试压，确保不再漏气后方可继续使用。

## 79. 在室内闻到臭鸡蛋气味说明什么？应当如何处理？

硫化氢是一种无色气体，有臭鸡蛋气味，为沼气中的主要有毒气体。当空气中硫化氢浓度超过0.02%时，可以引起人头痛、乏力、失明、胃肠道疾病等；当浓度超过0.1%时，可很快致人死亡。如果在室内闻到臭鸡蛋气味，就说明沼气管道装置有漏气的地方。

此时应迅速打开门窗或风扇，让室内空气流通，将沼气排出室外，千万不能使用明火或点火，同时要关掉沼气总开关并将输气管从导气管上拔掉，及时检查漏气部位并进行维修，以免引起火灾或中毒。

## 80. 沼气压力表有什么作用？

压力表的主要作用是检验沼气池和输气管道是否漏气，另一个作用是用气时可根据压力大小来调节流量，使灶具在最佳条件下工作。

以前，农户使用的压力表大部分是U形压力表（图5-10）。这种压力表结构简单，灵敏度高，价格低廉，但玻璃管在运输中易破碎，使用一段时间后，由于温度的变化造成示值不准，刻度模糊不易读数；在沼气池压力快速增高的情况下，U形压力表的液体会被冲走，如果未及时处理，则易发生安全事故。目前，已逐步使用膜盒式压力表（图5-11）。膜盒式压力表由表壳、膜盒、传动机构、上夹板、刻度盘、指针和透明表面组成，由于体积小，外观美观、轻便、灵敏度高，迅速替代U形压力表，与此同时一种新型的玻璃直管压力表也已面市，这种压力表体积小，耐腐蚀，读数直观。但检验沼气池是否漏气只能用U形压力表不能使用膜盒压力表。

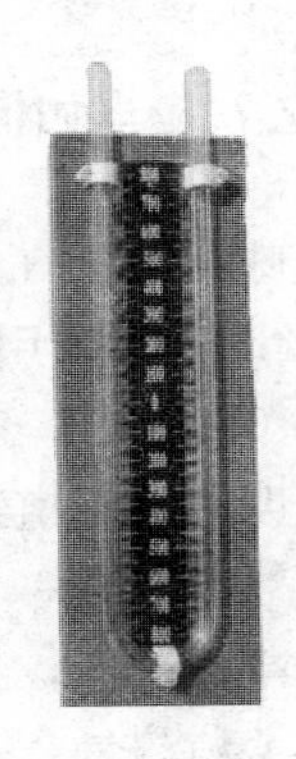

图5-10　U形压力表

图5-11　膜盒式压力表

图5-12为膜盒式压力表使用时的示意图。通过观察压力表，可以了解沼气池运转情况。

（1）压力表指针波动，火焰燃烧不稳定，说明输气管内有积水。

（2）打开开关，压力表读数急剧下降，关上开关指针又回复原位，说明导气管堵塞或输气管在拐弯处扭曲，引起气路不通畅。

（3）压力表读数上升很慢或不上升，说明可能沼气池或输气系统有漏气、堵塞现象，也可能发酵原料不足，发酵料液过酸或过碱，还有可能接种物不足。

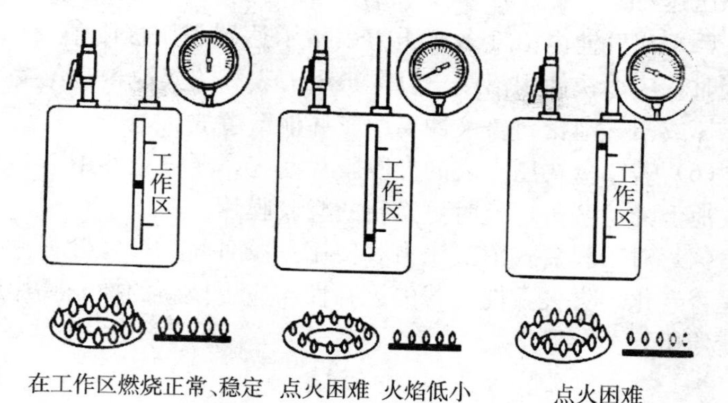


图 5-12　膜盒式压力表工作示意图

(4) 压力表指针上升慢，到一定高度不再上升，说明可能气室或输气管漏气，气压低，漏气慢，气压高漏气快；可能进出料管漏水，当压力升高到漏水位置时料液外漏，压力不能升高。

(5) 压力表读数上升快，使用时下降也快，说明池内发酵料液过多，气室容积过小。

(6) 打开开关，压力表读数突然下降，关上又回复原位，说明管道过长或过细，造成管道压力损失大。

## 81. 沼气压力表在安装使用过程中有哪些注意事项?

(1) 压力表应当在沼气技术工的指导下安装。

(2) 压力表应安装在输气管路上灶前开关与沼气灶之间。这样安装开关开大，压力上升，开关关小，压力下降，便于看表掌握灶具的工作情况。

(3) 压力表的正常工作温度为－25～55℃。

(4) 使用压力不得超出压力表的适用范围。在使用时，要尽可能地控制灶具的使用压力，使其在设计压力左右，特别不宜过分超压运行。

(5) 沼气池内沼气多，压力表指示达到表压极限值 10 千帕以上时，应尽快使用沼气，以保护压力表和沼气池，避免发生表被憋坏或沼气池密封盖被冲离，胀坏池壁事故。

(6) 若膜盒式压力表的橡胶膜片漏气，要停止使用，并关闭沼气池上的总开关，及时更换新的橡胶膜片。

(7) 对于膜盒式沼气压力表使用一段时间后，要检查橡胶膜片是否老化、失去弹性，若失去弹性，应更换新的橡胶膜片后再重新使用。

## 82. 凝水器有什么作用?

沼气中含有一定量的水蒸气，池温越高，水蒸气越多。这些水蒸气在输气管道中遇冷后凝结成水，积聚在管道中，堵塞输气管道，使输气受阻。在寒冷地区，冬天积水结冰，沼气输送不畅，严重影响用气。凝水器是用来清除输气管道内积水的装置，安装在输气管道最低处。用于排除管道中的积水，保证沼气畅通。对于水压式沼气池，由于气压高，常采用“T 形凝水器”（图 5－13）。

图 5－13　T 形凝水器

凝水器安装好并加水至规定位置后，当沼气池输气管中压力为 0 时，软管内水面与软管外圆形聚乙烯硬管内的水面是一致的，随着沼气池内不断产生沼气，沼气池输气管中压力也不断增大，这时软管内水面就会逐渐下降。当沼气池输气管中压力增大到一定程度（8千帕）时，软管内水面降至软管下口，沼气自动排出，使沼气池输气管中压力始终超不过8千帕，从而起到保护沼气池体的作用。

对于浮罩式沼气池和半塑式沼气池，由于气压低，常采用“瓶形凝水器”。对于浮罩式沼气池，瓶子的高度一般为25～30厘米；半塑式沼气池一般为12～15厘米。瓶子的直径可大可小，一般为10厘米左右。凝水器至少每月要检查一次，检查时将瓶中积水倒出。冬季要勤查凝水器，以保障管道畅通。瓶形凝水器的安装如图5-14所示。

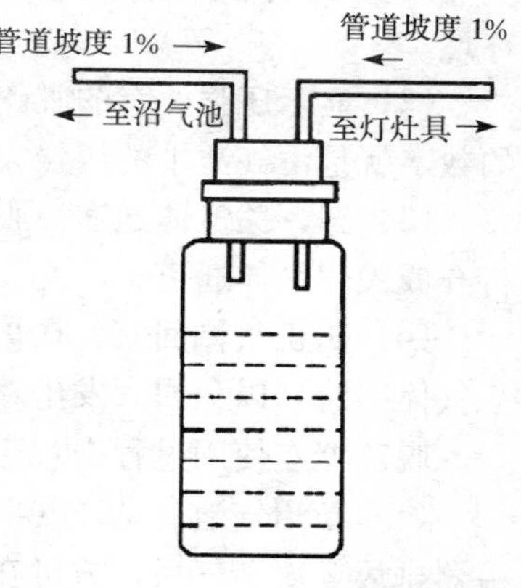


图5-14　瓶形凝水器的安装示意图

## 83. 沼气输气管道上必须安装脱硫器吗？

沼气是一种混合性气体，其中含有少量的硫化氢。硫化氢不仅对人体有害，它又是一种酸性气体，对管道、开关阀门、仪表、沼气灯和灶具的电子点火装置等都具有很强的腐蚀性，对家用电器也有腐蚀作用。为保证安全用气，延长设备的使用寿命，在输气管道中必须安装脱硫器，某种沼气脱硫器如图5-15所示。

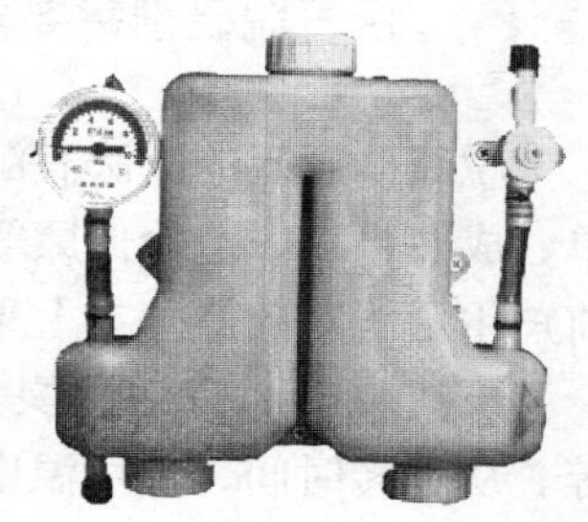

图5-15　脱硫器

脱硫器是农村户用沼气输气系统中不可缺少的一种仪器。脱硫器由压力表、开关、脱硫瓶和脱硫剂组成。户用脱硫瓶容积一般是1.6升，脱硫瓶内装脱硫剂。脱硫器主要有4个作用。

**(1) 脱除沼气中的硫化氢气体** 以免硫化氢对灶具及压力表和管路的腐蚀，以及燃烧不完全带来的异味而造成污染环境。

**(2) 显示压强** 有的脱硫器上面有一个压力表，压力表显示的数字就是沼气池中的压强大小。

**(3) 开、关气体通道** 脱硫器上面有个开关，可以根据需要打开或关闭气体通道。

**(4) 防止气体回流** 在炉具上试火，就是因为脱硫器具有防止气体回流，以免回火发生爆炸。

脱硫器在使用过程中，应当注意以下事项。

(1) 新沼气池启动产气后，不能直接经脱硫器排气，须经脱硫器排放3次杂气后，方可在沼气灶上放气点火。

(2) 使用沼气灶具时，严禁出料。

(3) 一次出料较多时，要关闭输气管道上的总开关及调控净化器上的开关。

(4) 如因产气量大，顶开活动盖或重新装料，需要重新密封活动盖时，应同时进行脱硫剂的再生或更换。

## 84. 沼气脱硫剂需要再生吗?

脱硫器脱硫的方法有湿法和干法两种，干法脱硫具有工艺简单、成熟可靠、造价低廉等优点，并能达到较好的净化效果，目前户用沼气脱硫器基本上采用干法脱硫。

干法脱硫剂有活性炭、氧化锌、氧化锰、分子筛及氧化铁等。从运转时间、使用温度、公害、价格等综合因素考虑，目前采用最多的脱硫剂是氧化铁（图5-16）。

图 5-16　氧化铁脱硫剂

由于沼气脱硫器的容积有限，脱硫器使用一段时间后，脱硫器内的脱硫剂会变黑，失去活性，脱硫效果降低，也可能板结，增加沼气输送阻力，严重时，沼气会被阻塞不能通过，因此脱硫剂使用一定时间后就得再生。脱硫剂，能使用 3 个月，3 个月后应更换脱硫剂，对旧脱硫剂进行再生。

## 85. 如何对脱硫剂进行再生?

在沼气使用过程中，当脱硫剂达到饱和（即闻到沼气中有臭味）时，要进行脱硫剂再生，其方法为：

（1）关闭输气管道总开关和调控净化器开关。

（2）打开脱硫瓶盖将变色的脱硫剂尽快全部倒出。

（3）将失活的脱硫剂均匀、疏松地摊放在平整、干净、阴凉、通风的场地上，严禁在阳光下暴晒，经常翻动脱硫剂，使其与空气充分接触氧化再生。严禁放在木板、塑料等易燃物品上凉，避免失火。当脱硫剂变为黄色后便可装入脱硫器容器内使用。

（4）脱硫剂还原时间应在 24 小时以上。

(5) 脱硫剂重新回装时，只装颗粒，严禁将脱硫剂粉末装回，防止粉末随管道进入灶具喷嘴，引起堵塞，影响使用。

(6) 当脱硫剂中水分含量低时，可均匀喷撒稀碱液，以加速再生速度，缩短再生时间，脱硫剂可以再生 2～3 次。

**注意：** 沼气池换料时，必须将脱硫器前的开关关闭，禁止空气通过脱硫器，因为，沼气池换料时，通过输气管到脱硫器的气体已不是沼气，而是含有氧气的气体，一旦直接通入脱硫器，脱硫剂发生化学反应，温度急剧升高，会损坏脱硫器塑料外壳，而导致脱硫器不能使用。

## 86. 什么是沼气净化调压器?

沼气净化调压器是一种在沼气输配系统中可起调压、节气、安全、提高热效率作用的设备，它是集调控阀、脱硫器、压力表为一体的新型产品。“新能”牌净化调压器采用上进气、下出气技术，保证了沼气输气管道左、右进气安装都方便，独特的流线设计，造型美观，外观如图 5 - 17 所示。

图 5 - 17　沼气净化调压器

该调压器采用2.5升的脱硫瓶，脱硫剂重量大于2千克；更换脱硫剂的口在壳外，脱硫剂再生及更换不用拆卸即可完成；采用独特的Ω型脱硫瓶，增大了沼气与脱硫剂的接触面积，延长了净化的时间，脱硫器进出气管内径大于9毫米且设有网格，可防止脱硫剂颗粒进入管道；脱硫器通道大，有效减少了沼气的压力损失。采用沼气专用压力表，显示压力直观、准确。专用陶瓷调压开关，具有良好的气密性，耐磨，耐腐蚀，阀孔径大，使用寿命长。进出管口设有橡胶帽，能有效防止运输过程中脱硫剂粉末漏出，起到防尘防水的作用。“新能”牌净化调压器具有以下特点：

（1）脱硫瓶楔形内塞外侧与脱硫器瓶口内侧吻合，内塞上端面与脱硫瓶口压紧，再拧上瓶盖，瓶盖接触面设计了一定圆弧，吻合紧密，增加了密封性，彻底解决了脱硫瓶瓶口容易漏气的问题。

（2）脱硫瓶盖内侧夹角设计成一定角度，有效消除了塑料产品的内应力，解决了由于内应力致使脱硫瓶盖开裂问题。

（3）沼气净化调压器还具有结构紧凑合理、体积小、使用寿命长、压力测试准确、流量调节方便灵活、脱硫效果好和便于观察脱硫剂的使用状况等特点，特别适于农村地区大范围推广使用。

## 87. 如何使用人力活塞出料器?

农村沼气池用肥采用的人力活塞出料器，又名手提抽料器。它具有不耗电，制作简单，造价低，经久耐用，不需揭开活动盖，能抽起可流动的浓料，适应农户用肥习惯等特点。某种手提沼气抽料器如图5-18所示。这种出料方式适宜于从事农业生产的农户小型沼气池。

手提抽料器制作简单，活塞筒常采用110毫米的PVC管制作（也可以用其他材料），长度小于沼气池总深（不含池底厚）250毫米左右，筒中放入活塞，活塞由活塞片和手提拉杆组成。

手提抽料器的活塞筒常安放在出料间壁靠近主池的位置上，上口距地面50毫米，下口离出料间底250毫米左右。在出料间旁边靠近抽料器处建一深约500毫米，直径约500毫米的小坑，用于置放料桶。小坑与抽料器之间用110毫米的PVC管连接。在活塞筒上靠近小沟处开一小口，抽料器抽取的浓料经小口和PVC管进入料桶，使用时注意当压力表水柱出现负压时应打开沼气开关与大气连通。

图5-18 手提式抽料器

## 88. 沼渣沼液出料机的工作原理是什么？

沼气池内的发酵原料一般发酵4～8个月必须换料，沼气池通常存在出料、除渣、排污难等问题。沼气池出料车结构较为简单，使用方便，能够有效解决广大沼气用户出料难的问题。沼渣沼液出料机的工作原理如图5-19所示。

利用拖拉机或三轮农用运输车动力带动真空泵工作，将排气引射器套在柴油机排气管上，柴油机的废气经排气引射器排出。由于排气气流速度很高（超过声速），在喷嘴与扩散管之间形成低压区，在射流的卷吸作用下，将引射储液罐内空气吸出，密封液罐内的空气不断减少，残存气压不断降低，真空度上升。位于沼气池内的液肥，在大气压力的作用下，经吸排液管进入液罐。

当液罐内液面充满到预定位置时，安全阀浮子升起，阀

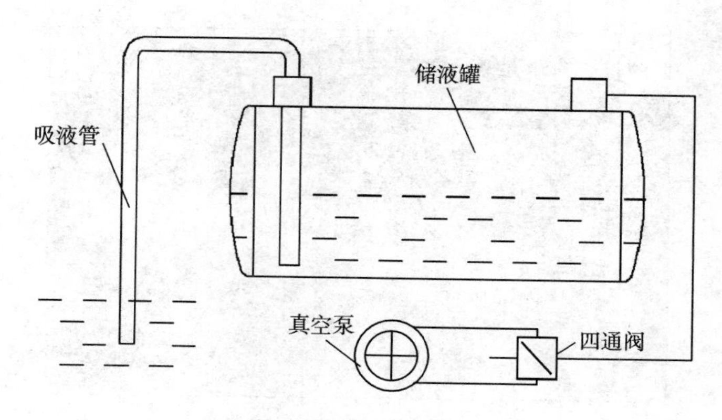


图 5-19　沼气池出料机工作原理示意图

杆也随浮子上升，与阀杆连为一体的通气阀上升，空气进入密封液罐，使吸液停止。同时，使位于阀杆顶部的红色指示器上升，完成吸液过程，将吸排液管抬高，放在液罐上即可运输。

排出液罐内的液肥时，需将吸排液软管从液罐上取下，操作快放阀手柄，打开通气阀，使外界空气进入液罐，破坏罐内真空，液肥在重力的作用下排出。也可经四通阀换向，用真空泵对储液罐排气加压，将沼渣、沼液通过吸液管强制排出。

"新能"牌 ZZ 系列沼液沼渣出料机属于沼气池废料出料专用机械，分牵引式和装载式两种。牵引式主要与四轮拖拉机配套使用，如图 5-20 所示；装载式出料机安装在拖拉机机组或三轮农用运输车等运输设备上使用，如图 5-21 和图 5-22 所示。ZZ 系列出料机的性能参数见表 5-4。

该系列出料机具有结构紧凑、使用方便的特点。

（1）储液罐为椭圆形，使罐体受压稳定均匀，罐内外经防腐处理，延长了罐体使用寿命。

（2）罐内中间设一道栅板，防止启动或紧急制动时沼渣、沼液骤然前后集中，减少了安全隐患。

图 5-20　ZZ2.0XN-A 型出料车

图 5-21　ZZ1.5XN-B 型出料车

(3) 利用四通换向阀改变气流方向，使其既能抽吸又能强制排放。

ZZ 系列出料机主要适用于以人畜粪便及粉碎后秸秆为发酵原料的农村户用沼气池废料抽吸出料，是农村沼气池出料的理想机械。也可用于蓄水池、化粪池的抽吸、排放及旱田灌溉等。安装的喷洒装置可用于农田喷洒、园林喷灌及道路洒水等。

图 5-22　ZZ1.5XN-C 型出料车

**表 5-4　出料机性能参数表**

| 参数名称 | ZZ2.0XN-A | ZZ1.5XN-B | ZZ1.5XN-C |
| --- | --- | --- | --- |
| 外形尺寸（长×宽×高）（毫米） | 5740×1620×1980 | 4200×1480×1950 | 4215×1480×1900 |
| 结构型式 | 牵引式 | 装载式 | 装载式 |
| 整机总质量（千克） | 3 700 | 2 820 | 2 900 |
| 发动机功率（千瓦） | 20.58 | 16.2 | 16.2 |
| 液罐有效容积（$米^3$） | 2.0 | 1.5 | 1.5 |
| 最大真空度（兆帕） | ≤-0.06 | ≤-0.06 | ≤-0.06 |
| 抽吸深度（米） | ≥3 | ≥3 | ≥3 |
| 抽吸距离（米） | ≥30 | ≥20 | ≥20 |
| 吸满罐时间（分） | ≤5 | ≤4 | ≤4 |
| 接挂销孔直径（毫米） | 25.5 | — | — |
| 离地间隙（毫米） | 240 | 200 | 210 |

## 89. 如何使用沼渣沼液出料机？

**（1）出料车用前检查**　为了安全有效地使用出料机，使用前应做如下检查：

①出料机与拖拉机是否连接牢固（牵引型）。

②刹车系统工作是否正常。

③各紧固螺栓是否紧固（如轮胎紧固螺栓）。

④油气分离器内工作用油是否过少，是否进水。

**（2）破壳** 若沼气池结壳、沼渣沉淀淤积，应先进行破壳操作。破壳操作步骤如下：

①取出软轴，将软轴与发动机连接。

②手持软轴线将破壳器置于沼气池壳体上方。

③启动发动机，使其保持小油门低转速运转。

④持破壳器在沼气池内分别向下和左右移动，破开结壳。

⑤关闭发动机。

⑥卸开软轴与发动机连接。

⑦清洗破壳器，收起软轴放好。

**注意：**使用中软轴线尽量大弧度盘绕，禁止打结、尖角折弯。

**（3）吸排**

①抽吸。关闭放气球阀、快放阀，打开防溢球阀，打开控制箱使自动控制系统处于“开”的状态；通过快速接头将进出料管与罐体连接，另一端插入沼气池内；将四通阀手柄置于“吸”的位置（手柄逆时针旋转到位）；启动发动机，调整油门使发动机中转速运转（1 200～1 600 转/分）；操纵离合器，合上分离爪，带动真空泵工作；当系统报警或液位升到红色刻度线时，应立即关闭防溢球阀，脱开离合器，停止真空泵工作，并关闭发动机；关闭自动控制系统；松开进、出料管的快速接头，使管内液体向两侧回流；打开放气球阀，使储液罐内恢复常压；收回进出料管。

②自流排放。确认放气球阀打开；松开快放阀的锁紧螺栓；打开快放阀排液；沼液排尽后，将快放阀封闭锁紧。注意沼液抽

取后不能直接施于作物，需氧化稀释处理后再施用，否则可能会对作物造成伤害。

③强制排放。确认防溢球阀打开，快放阀、放气球阀关闭；将进出料管与罐体连接，另一端放于排液位置；将四通阀手柄置于“排”的位置（手柄顺时针旋转到位）；启动发动机，调整油门使发动机中转速运转（1 200～1 600 转/分）；操纵离合器，合上分离爪，带动真空泵工作，强制排放开始；排放完毕后，脱开离合器，停止真空泵工作，关闭发动机；收回进出料管。

## 90. 沼渣、沼液出料泵的作用是什么？

沼渣、沼液出料泵，是一种用电动机作为动力的机械化出料设备。出料泵包括电机、与电机连为一体的水泵。某种出料装置如图 5－23 所示，该出料泵配备伸缩支撑架，可灵活控制吸排深度，配备过载保护，使用安全，同时配置小拉车，便于运输。

图 5－23 沼渣、沼液出料装置图

沼渣、沼液出料泵工作时，泵的叶轮在动力机械传动装置的带动下，高速旋转，产生离心力。在离心力的作用下，液体被甩向叶轮边缘，再经过泵体流道压入出料管后排出。同时，在叶轮的中心处形成真空，液体在外界压力的作用下，被吸入叶轮进口，叶轮不断地旋转，即可连续抽液。出料泵具有出料速度快，操作方便的优点，适用于中型或较大型的沼气池。有些地区农村路况差，车辆无法通过，在这些地区的户用沼气池可以采用沼渣沼液出料泵进行出料。

用于沼渣沼液出料的潜污泵有绞刀式排污泵和真空吸污泵两种，一般为三相用电，功率为3～7.5千瓦。绞刀式排污泵在泵入水口处设有固定刀片，在对应的叶轮轴上设有转动刀片，固定刀片和转动刀片构成剪切件，尤其对破碎稻草沼渣等长纤维物质的破碎和顺利排送效果明显，其外观如图5-24所示。

图5-24 双绞刀式沼渣、沼液排污泵

# 第六章　户用沼气燃气器具的安全使用

## 91. 常见的沼气器具有哪些？

**（1）户用沼气常见的沼气器具**

①沼气灶。是专门用来燃烧沼气的灶具。

②沼气抽气泵。在灶具或热水器前安装的抽气加压设备，以保障正常供气燃烧。

③沼气热水器。利用沼气燃烧加热水，用于洗浴等。

④沼气灯。利用沼气燃烧实现照明或取暖。沼气灯一般采用电子脉冲点火，使用过程中要严格按照操作规范使用。

⑤沼气净化器。净化沼气的设备。

⑥沼气压力表。一般采用具备防腐性能的膜盒压力表。

**（2）工程沼气器具**

①沼气锅炉。利用沼气燃烧加热水，热水供暖等。

②沼气增压器。增加沼气压力的设备。

③沼气脱硫设备。除去沼气中的硫化物，清洁环保地使用沼气。

④沼气汽水分离设备。将沼气中的水分离并排放。

⑤沼气阻火装置。为安全供气而安装的阻火设备，有干式和湿式两种。

⑥沼气发电机。利用沼气燃烧，将化学能转化成电能。

## 92. 对户用沼气输配系统及燃气器具安装有哪些要求?

(1) 输气管道安装要求尽可能近(短)、直、拐弯少、整齐、牢固。

(2) 要求所有管接头内畅通，无毛刺，具有一定的机械强度，与管道承插要紧密无漏气。

(3) 阀门要求耐磨、耐腐蚀，气密性好，转动灵活，关闭迅速，安装检修方便。

(4) 凝水器必须安装在每段输气管道的最低处。

(5) 压力表要安装在沼气燃具的前面，距灶具不超过3米，高度以便于观察为宜。

(6) 沼气灶要放在固定灶台上，不要靠近易燃物，明火与管道距离不小于0.5米，灶台的高度要便于炊事操作。

(7) 沼气灯安装前，应检查灯具各个部分是否齐全，喷嘴是否畅通对中。沼气灯的开关和脉冲点火器要固定在灯附近的墙壁上，高度以便于成年人操作为宜。沼气灯一般固定悬挂于屋梁上，安装高度以不妨碍人在室内走动为宜，一般在1.8米以上，距屋顶及易燃建筑物不小于1米。

(8) 沼气取暖炉应放在耐火的地面上，供气管道要靠近墙脚安放，并且要外套硬管加以保护，防止损坏漏气造成安全事故。

(9) 沼气热水器严禁安装在浴室内，应安装在浴室外，且通风条件要好。

## 93. 怎样安全使用沼气器具?

(1) 沼气灯、沼气灶和输气管道不能靠近柴草等易燃物品，以防失火。

（2）沼气开关应安装在安全的位置（稍高一点，防止小孩乱开），用气后要及时关闭开关，防止沼气泄漏。

（3）使用沼气时，若电子点火器不能正常使用，需用引火物点火时，应先点燃引火物，再开开关，以防一时沼气放出过多，烧到身上或引起火灾。

（4）沼气纱罩含有二氧化钍毒物，因损坏而换下的旧纱罩要深埋，如手上沾到纱罩上的白粉要及时洗净，注意不要弄到眼睛里或沾到食物上，以防中毒。

（5）要经常检查输气管、开关有无漏气现象，如输气管被老鼠咬破或老化破裂，应及时更换。

## 94. 沼气灯的工作原理是什么？如何选择和使用沼气灯纱罩？

沼气灯是利用沼气燃烧实现照明或取暖的一种灯具。沼气灯一般采用电子脉冲点火，使用过程中要严格按照操作规范使用。

**（1）沼气灯的工作原理**　沼气由输气管送至喷嘴，在一定的压力下，沼气由喷嘴喷入引射器，借助喷入时的能量，吸入所需的空气（从进气孔进入），沼气和空气充分混合后，从泥头喷火孔喷出燃烧，在燃烧过程中得到空气补充，纱罩在高温下收缩成白色珠状，纱罩中的二氧化钍在高温下发出白光，供照明之用。一盏沼气灯的照明度相当于60～100瓦的白炽电灯，其耗气量只相当于炊事灶具的1/6～1/5。

**（2）沼气灯纱罩的选择**　农户可根据沼气灯额定压力的大小，选择纱罩。额定压力为800帕的沼气灯选配200支光纱罩，额定压力为1 600帕及2 400帕的沼气灯选配150支光纱罩。

**（3）沼气灯纱罩的使用**　沼气灯使用前应先烧好新纱罩。新纱罩烧得好坏将直接影响到沼气灯的照度和发光效率，因此，能否烧好新纱罩是用好沼气灯的关键。先将纱罩拉直，松开口，套在沼气灯泥头上，均匀地捆紧，将纱罩口的皱褶分播均匀，把过长的扎口线剪掉。打开开关通沼气将灯点燃，让纱罩全部着火燃红后，慢慢地升高或后移喷嘴或开大风门，以调节空气的进风量，使沼气、空气混合适当，猛烈燃烧，在高温下纱罩会自然收缩（最好发出“乓”的一声响），发出白光即成。燃烧纱罩时，沼气压力要足，烧出的纱罩所发白光才饱满。

烧好后的纱罩要注意保护，避免碰撞和震动。纱罩燃烧后，人造纤维被烧掉了，剩下的是一层二氧化钍白色网架，二氧化钍是一种有毒的白色粉末，不要用手摸，以防中毒。

## 95. 沼气灯玻璃罩破裂的原因是什么？

如果选用正规厂家生产的合格的沼气灯玻璃罩，在规范操作正常使用的情况下，极少有破裂现象。造成沼气灯罩破裂的常见原因如下：

①在使用前，由于运输颠簸、安装震动等造成细微破损，使用过程中，会将伤痕扩大，从而造成破裂。

②长时间不使用，或在温度极低的情况下，明火过大，热胀冷缩造成玻璃罩变形破裂。

③其他人为因素等。

若玻璃灯罩破裂，要及时更换新玻璃罩，防止发生安全事故。

## 96. 安装和使用沼气灯，应注意哪些事项？

（1）沼气灯安装中水平管段应有不少于0.5%的坡度。

（2）安装沼气灯泥头时，在拧紧的基础上要反拧少许，因为引射器的原材料是金属，它和泥头热胀冷缩系数不一样，受热后易使泥头破裂。

（3）沼气灯最好每天都用，以防喷嘴锈蚀、堵塞。

（4）安装喷嘴时不要拧得过紧，下端露出 0.5 厘米即可，不要堵住进风口，影响使用。喷嘴严重锈蚀、堵塞时，可用小针通开，再猛吹几口气，使之畅通。

（5）使用电子脉冲点火，应按照使用说明书逐步进行操作。在安装电池时一定要与电池盒内正负极对应，电池用完应立即更换。

（6）如无电子脉冲点火，应先划燃火柴或点燃引火物，再打开开关点燃沼气。如将开关打开后再点火，容易烧伤人的面部和手，甚至引起火灾。

（7）每次用完后，要把开关扭紧。

（8）要经常检查输气管和开关有无漏气现象。

## 97. 沼气灶由哪几部分组成？各有何功用？

沼气灶是厨房中专门用来燃烧沼气的灶具（图 6－1），由喷

图 6－1　单眼沼气灶和双眼沼气灶

嘴、调风板、引射器和燃烧器等4部分组成。它的特点是阀体开关选用陶瓷材料制成，能抗拒沼气中的腐蚀气体的侵蚀。

**(1) 喷嘴** 喷嘴是控制沼气流量（即负荷）的关键部件，一般采用金属材料（最好是铜）制成。喷嘴的形式和尺寸大小，直接影响沼气的燃烧效果，也关系到吸入一次空气量的多少。喷嘴直径与灶具燃烧的热负荷、压力等因素有关，家用沼气灶具的喷嘴孔径，一般在2.5毫米左右。喷嘴管的内径应大于喷孔直径的3倍，这样才能使沼气在通过喷嘴时，有较快的流速。喷嘴管内壁要光滑均匀，喷嘴孔口要正，不能偏斜。

**(2) 调风板** 调风板一般安装在喷嘴和引射器喇叭口的位置上，用来调节一次空气量的大小。当沼气热值或者灶前压力较高时，要尽量把调风板开大，使沼气能够完全和稳定地燃烧。

**(3) 引射器** 引射器由吸入口、直管、扩散管3部分构成。三者尺寸比例，以直管的内径为基准值，直管内径又根据喷嘴的大小及“沼气—空气”的混合比来确定。前段吸入口的作用是减少空气进入时的阻力，通常做成喇叭形；中间直管的作用是使沼气和空气混合均匀；扩散管的作用是对直管造成一定的抽力，以便吸入燃烧时需要的空气量。扩散管的长度一般为直管内径的3倍左右，扩散角度为8°左右。初次使用沼气灶之前，应认真检查一下引射器，如果里面有铁砂或其他东西堵塞，应及时清除。

**(4) 燃烧器** 燃烧器是沼气灶的主要部件，它由气体混合室、喷火孔、火盖、灶盘4部分构成，其作用是将混合气通过喷火孔均匀地送入灶膛燃烧。头部的截面积应比燃烧孔总面积大2.5倍，燃烧孔的截面积之和是喷嘴孔面积的100～300倍，孔深应为其直径的2～3倍。支撑头部的部位叫灶座，灶座高度对充分利用沼气燃烧时的最高温度，提高燃烧效率有着举足轻重的作用，因此，一定要认真调试，使其保持在最佳高度。

## 98. 如何安全使用沼气灶？

（1）使用前仔细阅读说明书。

（2）灶具的周围，不要摆放可燃物，管路不宜过长，特别是脱硫器不能安装在灶上方。

（3）使用时保持室内通风，风门随压力变化而调整（压力高风门调大，压力低风门调小）。

（4）不要把沾有污物的锅放在灶上使用（先清洁锅底）。每周彻底清理一次火盖内及火孔污物。

（5）应经常用肥皂水检查输气管及灶具各接头是否漏气。

## 99. 沼气灶具的常见故障有哪些？如何排除？

沼气灶具的常见故障及排除方法见表 6-1。

**表 6-1　沼气灶具的常见故障及排除方法**

| 序号 | 故障现象 | 故障原因及排除方法 |
| --- | --- | --- |
| 1 | 电子或脉冲点火不灵，或着火率低 | （1）气源开关未开。打开气源开关<br>（2）沼气气质不好或甲烷浓度较低。调整发酵原料配比或排除空气调高甲烷含量<br>（3）输气管扭折、压扁，气路堵塞。矫正或更换输气管<br>（4）点火器开关触点氧化、电路触点或电池接触不良。将电极簧片或相关触点用细砂纸打磨；将电池重新安装<br>（5）脉冲点火的放电间隔过近或过远。调整放电间隙，将中心分火器（小火盖）的缝隙与电极磁针的距离调至 4 毫米左右<br>（6）电极磁针与挡焰板的角度不当。将电极磁针与支架挡焰板与点火喷嘴轴线的夹角调至 20°<br>（7）喷嘴堵塞。用细铁丝疏通喷嘴<br>（8）沼气压力太高。用调控开关调节灶前压力至 400～2 000 帕或处于工作区 |

（续）

| 序号 | 故障现象 | 故障原因及排除方法 |
| --- | --- | --- |
| 2 | 火焰异常，火焰不规则 | 分火器（火盖）未放好或缝隙堵塞。将分火器调整到位，或清洁分火器 |
| 3 | 压力表指示压力较高，但火力不强 | 喷嘴或阀体内通气孔局部堵塞。用细铁丝疏通喷嘴，或请专业维修人员清通或更换阀体 |
| 4 | 输气管堵塞、扭折或漏气 | ①检查输气管，若有积水，应排掉积水，并将集水器内的积水排除<br>②若输气管局部老化、变形、破损，应予更换 |
| 5 | 火焰容易吹脱 | 空气量过大。调节风门，关小至适当位置 |
| 6 | 火焰长而无力 | 沼气太多，空气不足，特别是空气量不足。调节风门，调大至适当位置 |
| 7 | 漏气或有异味 | 各配件接头松动造成漏气。用肥皂水逐一检查各配件接头，如有必要则加固拧紧或更换 |

## 100. 天燃（煤）气灶可以用来烧沼气吗？

煤气灶的灶型是依据燃（煤）气的热值大小确定的，普通人工（发生炉）煤气热值为 4.2～8.4 兆焦/米$^3$，天然气热值为 33.6～42 兆焦/米$^3$，沼气热值为 16.8～21 兆焦/米$^3$。由于各种燃气的热值不同，所用灶具的气口大小不一样，其他配风大小也不一样，所以不能通用。

有的人为了图省事或出于节约考虑，用天然气灶来代替沼气灶，有的人用煤气灶改装成沼气灶使用，由此造成了严重的安全事故。由于有的用户不了解天然气灶（煤气灶）的特点，误将其点火困难当作沼气池本身的故障，最终放弃使用沼气，造成极大的浪费。因此，为了安全高效地使用沼气，绝不能用天然气灶来代替沼气灶，更不能用液化气灶或煤气灶来改装沼气灶。

## 101. 沼气灶火焰不正常，热值不足，如何处理?

沼气充分燃烧的条件是保持适当的空气量，沼气燃烧时，需要和适当的空气混合燃烧才能充分。从理论上讲，1个体积的甲烷，需要2个体积的氧气才能完全燃烧，即1个体积的沼气完全燃烧时，需5～6个体积的空气。沼气完全燃烧时，火焰是蓝白色，火苗短而急，稳定有力，并有微小的嗞声，燃烧温度较高；如果火苗拉长，飘荡无力，火焰呈红黄色，说明空气量过少，沼气不能充分燃烧，温度也就不高；如果火苗很短，又极不稳定，火焰呈蓝色，有时火焰脱离燃烧器，说明空气量过多，或者发酵液过酸，沼气中甲烷含量过少，燃烧不良，温度也较低。沼气燃烧的常见故障及排除方法见表6-2。

**表6-2 沼气燃烧的常见故障及排除方法**

| 序号 | 故障现象 | 故障原因 | 排除方法 |
| --- | --- | --- | --- |
| 1 | 火焰摆动，有红黄色闪光或黑烟，没有蓝绿色的内焰，甚至有臭味 | ①一次空气不足<br>②喷嘴过小或过大<br>③二次空气不足<br>④燃烧器堵塞 | ①调整进入燃烧器的沼气与一次空气<br>②加大或缩小喷嘴的孔径<br>③加大喷嘴与燃烧器的距离<br>④清洗燃烧器 |
| 2 | 火焰过猛，燃烧声音太大 | ①一次空气过多<br>②灶前压力过大 | ①调整进入燃烧器的沼气与一次空气<br>②加大喷嘴与燃烧器的距离；缩小或加大喷嘴的孔径；清洗燃烧器 |
| 3 | 火焰大小不均或有波动 | ①燃烧器堵塞<br>②喷嘴没有对中<br>③输气管有水 | ①清洗燃烧器<br>②调整喷嘴位置<br>③排除管中积水 |

（续）

| 序号 | 故障现象 | 故障原因 | 排除方法 |
| --- | --- | --- | --- |
| 4 | 火焰脱离燃烧器 | ①喷嘴堵塞<br>②沼气压力过低<br>③一次空气过剩<br>④沼气中甲烷含量减少 | ①清除堵塞<br>②设法提高灶前压力加强沼气池日常管理，提高沼气中甲烷含量<br>③关小风门<br>④沼气池添加新料 |

## 102. 沼气灶火焰发红，容易熏黑锅底，是什么原因造成的?如何排除?

**(1) 故障原因**

①风门开度小，空气含量低，燃烧不充分。

②燃烧器火孔堵塞。

**(2) 排除方法**

①调节风门开度，增大进气量。

②清洗燃烧器火孔。

③如果调节、清洗方法都不行，就需要更换火盖或沼气灶。

## 103. 沼气池产气正常，但沼气灶燃烧火力小或火焰呈黄色，是什么原因造成的? 如何排除?

**(1) 故障原因**

①火力小是炉具喷嘴堵塞或火孔堵塞。

②火焰呈红黄色是空气配合不合理或沼气甲烷含量少。

**(2) 排除办法**

①用细铁丝疏通喷嘴或清扫灶具的喷火孔。

②调节灶具空气调风板。

③取出部分旧料，补充新料，如料液过酸，向沼气池内适量加入草木灰或牛粪。

## 104. 为什么压力表显示压力高，但一经使用就急剧下降，关上开关又马上回到原位？如何排除？

**（1）故障原因**

①导气管堵塞，或管件接头堵塞。

②输气管道转弯处扭折，管壁受压而贴在一起，使沼气难以导出或流通不畅。

③沼气池至灶具的输气管道过长造成压力损失大。

④管道内径小，或开关等配件内径小。

**（2）排除方法**

①检查管道，及时疏通导气管或整理管道扭曲压瘪的地方。

②加大输气管和管件的内孔径。

③减少沼气池至灶具的输气距离。

## 105. 为什么压力表显示压力很高，但是沼气灶上火力不旺？如何排除？

**（1）故障原因**

①沼气灶的进气管、喷气孔或灶盘分火板上的气孔有堵塞现象。

②发酵液中缺乏产甲烷菌，所产气体中甲烷含量过低。

**（2）排除办法**

①疏通沼气灶的进气管、喷气孔或灶盘分火板上的气孔。

②若已经疏通，火力还是不旺，就是发酵原料中缺乏产甲烷菌，应暂时停止进料，适当补充产沼气较好的沼气池的活性污泥，并从出料间取出部分料液，将活性污泥冲入发酵池，很快就

可以解决。

## 106. 沼气热水器的原理是什么?

沼气热水器主要由五大组件构成：外壳、热交换器（俗称水箱）、燃烧器（火排）、三阀总成（包括气阀、水阀、水汽联动阀）和脉冲点火器。

沼气热水器的工作过程：使用时打开水阀，当水压达到0.02兆帕压力时，冲开连锁电器微动开关，并打开联动电器控制器，进行脉冲打火，同时打开水气联动阀，热水器即可马上点燃燃烧器，发出的热量使热交换器内的金属传热片得到充分加热，热量充分传递到水箱，使流过水箱的水迅速升温，从而不断排出热水，实现沼气热水器的使用功能，同时驱动负离子保护装置。

一般热水器有如下安全保护：

①负离子保护装置。该保护装置的作用是当热水器意外熄火时可自动关闭气阀门。

②超水压保护。当水压超高时，可自动泄压保护。

③后制式设计。热水器冷水端和热水可随意调节，以保证热水均匀度。

④防冻保护装置。当室温在0℃及以下时，每次使用后，或长期不使用时，可用防冻装置放掉热水器内残留的水分，以免结冰而损坏热水器。

⑤过热保护装置。热水器内是恒温器，当热水温度超过80℃时，热水器则自动关闭。

## 107. 对安装、使用沼气热水器有何安全要求?

（1）热水器严禁安装在浴室内，应安装在有良好自然通风的单独房间内，房间的门和窗应向外开放，同时应安装烟道，以将废气排出室外。如果不能保证新鲜空气的及时补充，热水器会因缺氧燃烧不完全，导致有毒气体一氧化碳的迅速产生，并形成恶性循环，极易发生人员中毒甚至死亡事故。并且，由于热水器的耗氧量大，在密闭空间内使用过久，也可能造成缺氧窒息事故。

烟道最好能单独设置，如果需要与其他设备共用烟道时，烟道的排烟能力和抽力应满足要求。烟道上不得设置挡板等增加阻力的装置。烟道上部应有不小于0.25米的垂直上升烟道；水平烟道总长应小于3米，且应有1%的坡度坡向热水器。烟道直径不得小于热水器烟气出口的直径。

（2）热水器应安装在耐火墙上，后盖与墙的距离应不小于2厘米；如果安装在不耐火的墙壁上时，应加装外形尺寸大于热水器外壳尺寸10厘米的隔热板；安装用的沼气管道、供水管道最好采用金属管，如果采用软管时，沼气管用耐油管，水管用耐压管，并在连接处用管箍紧固。

（3）热水器要远离易燃易爆、忌高温的物品，热水器上部不得有电线、电器设备。如果距离过近，一旦热水器发生故障，容易损坏设备，甚至引起火灾事故。

（4）热水器不使用时，应关闭沼气管道上的开关。

（5）根据国家对燃具安全使用的规定，禁止使用直排式热水器，烟道式、强排式热水器的使用年限一般为6年。到期后，用户应及时更换。

## 108. 沼气热水器使用中有哪些常见故障？如何排除？

热水器的常见故障及排除方法：

**（1）打开热水器后不着火**

①供冷水总阀门未打开。将供冷水总阀门放在“开”的位置。

②当室温在0℃及以下时，上次使用后未放掉热水器内的余

水，以致冻结成冰。应设法化冰。注意每次用后要放净余水。

③脉冲器损坏。更换脉冲器。

④引线松脱。接上松脱的引线。

⑤电磁阀损坏。更换电磁阀。

**(2) 使用中熄火**

①燃气管内有空气或不洁的气体，燃烧不均匀，致使自动熄灭保护。重新打火，直到着火为止（注意：关热水器后，应等10秒以上才能再开）。

②燃气压力不合适。检查使用压力，将压力调至5 000帕以下。

③水压不够。将水压调高。

④安全装置起作用。检查热水器有无漏气或安全装置损坏。修理漏气处或更换安全装置。

⑤烟道堵塞。清理烟道异物，保持烟道畅通。

**(3) 着火时有异常声音**

①燃气压力不合适。将燃气压力调至5 000帕以下。

②热交换器故障。将热交换器拆下清理。

## 109. 如何排除沼气饭煲的常见故障?

沼气饭煲（图6-2）以沼气作为燃料，保持了传统明火煮饭的特点，饭味甘香可口，饭熟能自动关闭主燃气门，并驱动保温系统。饭煲具有安全、方便、省时、节能等四大优点。沼气电饭煲在使用时应定期维护和保养，再能掌握常见故障的排除方法（表6-3），对于安全使用沼气很有帮助。

图6-2　沼气饭煲

**表 6-3　沼气饭煲的常见故障及排除方法**

| 序号 | 故障现象 | 故障原因 | 排除方法 |
| --- | --- | --- | --- |
| 1 | 正常使用一段时间后，出现焦饭或生饭 | ①定温胆上表面或锅内胆表面有杂质<br>②饭锅内胆使用时间长久，产生变形<br>③定温胆因长期使用而损坏<br>④饭煲按钮等各使用部件产生锈蚀 | ①用柔软湿布或细砂纸将定温胆或内胆表面杂质擦干净<br>②将不平的内胆底部压平。使内胆与定温胆接触良好<br>③更换定温胆<br>④清洗传动部件，并在各转动位置加注少量润滑油，以润滑和防锈 |
| 2 | 饭煲使用一段时间后，脉冲点火器变慢、火花变小 | ①电池电压不够<br>②脉冲点火器损坏<br>③清洗或煮饭时水溢到脉冲点火器的电池盒内，电极产生锈点，使电池接触不良 | ①更换新电池<br>②更换脉冲点火器<br>③将电池盒内的水迹、锈迹等擦干净，使电池接触良好 |
| 3 | 饭煲使用一段时间后，发现有异味或漏气现象 | ①输气管老化、破损造成漏气<br>②各配件接头松动造成漏气<br>③饭煲控制体内的丁腈橡胶软化发胀或破损 | ①更换输气管<br>②将松动的各配件接头螺钉加固拧紧或更换<br>③更换控制体密封套或铜阀芯针内的O形圈 |

# 第七章　沼气、沼渣和沼液的安全使用

## 110. 什么是沼气发酵产物的综合利用?

沼气发酵产物的综合利用是指将沼气、沼液和沼渣（简称“三沼”）应用到生产过程中，降低生产成本，提高经济效益的一项技术措施。经过多年实践，许多综合利用技术日趋成熟，取得了良好的经济效益和社会效益。

沼气综合利用把沼气与农业生产活动直接联系起来，成为发展庭院经济、生态农业，增加农民收入的重要手段，也开拓了沼气应用的新领域。

沼气发酵产物的综合利用方式有：利用沼气作为燃料，利用沼气保鲜水果和发电；利用沼液作为有机肥直接灌溉到农田中，或用作叶面肥，还可以利用沼液浸种；利用沼渣直接作为有机肥，用来栽种蘑菇或将其加上添加剂制作成有机肥出售。

总之，沼气发酵产物的综合利用，实现了物质和能量的多级利用，目前已开展的沼气发酵产物综合利用项目涉及种植、养殖、加工、服务、仓储等多个行业。对促进我国农村产业结构调整，改善生态环境，提高农产品的产量和质量，增加农民收入，实现可持续发展，具有重要意义。

## 111. 沼气在温室大棚中有哪些应用?

沼气在温室大棚中的应用主要有两个方面：一是利用沼气燃

烧释放的热量为温室保温增温，燃烧1米³沼气可以释放大约 $2.3\times10^4$ 千焦热量，每立方米空气温度升高1℃约需要1千焦的热量。二是利用沼气燃烧产生的 $CO_2$ 为温室大棚蔬菜施肥。

**(1) $CO_2$ 应用原理** $CO_2$ 是作物生长所必需的基本营养物质，是作物碳素的主要来源，作物通过光合作用，吸收空气中的 $CO_2$，形成碳水化合物、蛋白质等代谢产物。$CO_2$ 在一定浓度范围内，与蔬菜产量成正相关，作物生长适宜的 $CO_2$ 浓度为0.11%～0.13%，而空气中 $CO_2$ 的含量约为0.03%，大棚温室里作物在光合作用旺盛期的 $CO_2$ 浓度仅为0.02%，这远远满足不了作物生长的需要。沼气中一般含有30%～40%的 $CO_2$ 和50%～70%的甲烷。甲烷燃烧时可产生大量的 $CO_2$，同时释放出大量热能。根据光合作用原理，在种植蔬菜的塑料大棚内点燃一定时间、一定数量的沼气，可提高大棚内的 $CO_2$ 浓度和温度，有效地促使蔬菜增产。

**(2) $CO_2$ 调节技术**

①人工施用 $CO_2$ 的浓度应根据蔬菜种类、光照强度和温室内温度情况来定。蔬菜种类不同，所处生育期不同，肥水条件、环境条件不同，所需空气中 $CO_2$ 浓度也不同。一般在弱光低温和叶面积系数小时，采用较低的浓度；而在强光、高温、叶面积系数大时，宜采用较高浓度。苗期所需 $CO_2$ 浓度低些，生长期则高些，大多数蔬菜生长期所需 $CO_2$ 浓度在1 000～1 500微升/升。

②$CO_2$ 施用的时间与光照强度有关。在日光温室中，早晨揭开草帘后，随着光照强度的逐渐增加，光合作用也逐渐加强，日光温室内 $CO_2$ 浓度开始迅速下降，这时便可开始施放 $CO_2$。一般在揭开草帘后0.5～1小时，具体讲，11月份至翌年元月为9：00，元月下旬至2月下旬为8：00，3～4月份为7：00。到了中午，虽然光照强度未减，但因叶内的光合产物的积累，会导致光合强度的降低，此时可停止施用。

③燃烧沼气增施 $CO_2$ 技术。燃烧1米³的沼气，可产生0.97

米$^3$的$CO_2$，可使1 000米$^3$的温室中的$CO_2$浓度达到要求。一般每100米$^2$设置1个沼气灶，或者50米$^2$设置1盏沼气灯。在植株叶面积系数较大、需要长时间通风的温室内，应在日出后30分钟左右燃烧沼气灶或点燃沼气灯，平均施放沼气速度为每小时0.5米$^3$左右，据此计算出不同体积温室增施各种浓度$CO_2$所需燃烧沼气的时间。一般采取断续施放的方法，每施放10～15分钟，间歇20分钟，在放风前30分钟停止施放。

## 112. 温室大棚中应用沼气有哪些注意事项?

（1）沼气需经脱硫后，才能在大棚温室中使用。沼气中含有约万分之几的硫化氢随沼气燃烧后生成二氧化硫。当大棚温室中二氧化硫浓度达到1/5 000 000（即0.2微升/升）时，几天后植株出现受害症状。首先在气孔周围及叶缘出现水浸状，在叶脉内出现斑点。高浓度则会使植株组织脱水、死亡。由于二氧化硫是从气孔及水孔浸入叶组织，在细胞中可以水化成硫酸，毒害植物的原生质体。对二氧化硫比较敏感的有番茄、茄子、菠菜、莴笋等。

（2）沼气在温室大棚内燃烧时间不能过长，否则过多的$CO_2$反而对作物生长不利。沼气用于大棚温室增温和增施$CO_2$肥，应该考虑大棚温室容积大小来确定输入的沼气量，大棚内$CO_2$气肥的浓度最好控制在0.1%～0.15%，过量使用，不但不会增产，反而会导致植物气孔关闭，出现不良现象。

（3）增施$CO_2$气肥后，蔬菜光合作用加强，水肥管理必须及时跟上，这样才能取得较好的增产效果。

（4）不能在蔬菜大棚内堆沤沼气发酵原料，以免有害气体（如氨气）对蔬菜生产造成危害。

（5）点燃沼气灯、灶应在上午气温较低时进行。若温度超过30℃时应停止，并开窗透气降温。

（6）沼气灯的安装高度要便于操作和管理，不能碰头。

## 113. 如何利用沼气贮藏水果？

**（1）选地**　贮藏果品的场所应选择避风、清洁、温度比较稳定、昼夜温差变化不大的地方。

**（2）选择贮藏形式**　通常有容器式、薄膜罩式、土窖式、贮藏室4种形式。容器式和薄膜罩式具有投资少、设备简单、操作方便等优点，但贮藏量小，适合短期贮藏；土窖式和贮藏室投资较大，密封技术要求高，但贮藏容量大，使用周期长，环境条件受外界干扰小，适合长期贮藏采用。

**（3）操作及控制**

①装果　将无病虫害、无损伤的果品装入塑料筐、纸箱或聚乙烯袋中入室贮藏，外设水银温度及和相对湿度计，以便随时检查室内的温度和湿度变化情况。果品箱堆好后封门，并用胶带纸或其他密封材料封闭门缝。

②充入沼气　向贮藏室定量充入沼气，充入沼气的初始含量为5%～7%，10天后将沼气含量调整为12%～16%，使贮藏室环境气体的含氧量保持在3%～10%，$CO_2$含量保持在2%～10%。

③温、湿度控制　一般情况下，贮藏室的温度应保持在1～5℃，湿度应保持在80%～90%。

④日常管理　贮果后两个月内每隔10天要翻动1次，翻动时，应及时检查贮藏状态，挑出腐烂和有伤的果品，并进行换气。以后每月翻动1次，并进行换气。低温季节宜在中午换气，高温季节宜在夜间换气。换气的同时，可定期用2%的石灰水对贮藏室进行消毒，保持环境卫生清洁。

## 114. 如何利用沼气烘干粮食？

**（1）烘干方法**　用竹子编织一个凹形烘笼，再根据烘笼的大小用砖块垒一个圆形灶台作为烘笼的座台。把沼气灶具放在灶台正中，用一个耐高温的铁皮盒倒扣在灶具上，铁皮盒距灶具火焰2～3厘米。然后把烘笼放在灶台上，将湿的粮食倒进烘笼内，点燃沼气灶，利用铁盒的热辐射烘烤笼内的粮食。烘1小时后，把粮食倒出摊晾，以加快水蒸气散发。摊晾第一笼粮食时烘笼可烘烤第二笼粮食；摊晾第二笼粮食时，又回过来烘第一笼粮食。每笼粮食反复烘2次，就能基本烘干，贮存时不会发芽、霉烂。烘3～4次，其干燥度可以达到碾米、磨面的要求。

**(2) 注意事项**

①编织烘笼时，其底部的突出部分不能过矮。过矮了，烘笼上部粮食堆放过厚，不易烘干。

②编织的烘笼宜采用半干的竹子，不宜用刚砍下的湿竹子。因为湿篾条编织的烘笼，烘干后缝隙过大。

③准备留作种用的粮食不能采用这种强制快速烘干方法。

④在烘干过程中要根据粮食的烘干程度及时调节火候，并不停地翻动，以利于水蒸气的散发，从而达到快速烘干的目的。

## 115. 怎样用沼气灯诱虫养鱼、养鸡？

**(1) 沼气灯诱虫的原理** 沼气灯光的波长在300～1 000纳米之间，许多害虫对330～400纳米的紫外光有较大的趋光性。夏秋季节，正是沼气池产气和各种虫害发生的高峰期，利用沼气灯光诱蛾养鱼、养鸡、养鸭，可以一举多得。

**(2) 沼气灯的吊装位置** 沼气灯应吊在距地面或水面80～90厘米处。沼气灯与沼气池相距30米以内时，用内径10毫米的塑料管作沼气输气管，超过30米时应适当增大输气管的管径。也可以在沼气输气管中加入少许水，产生沼气输气局部障碍，使沼气灯产生忽闪现象，增强诱蛾效果。诱蛾时间应根据害虫前半夜多于后半夜的规律，掌握在天黑至夜晚12：00为好。

**(3) 诱虫喂鸡、鸭的方法**　在沼气灯下放置1只盛水的大木盆，水面上滴少许食用油，当害虫大量拥来时，落入水中，被水面浮油黏住翅膀死亡，以供鸡、鸭采食。

**(4) 诱虫喂鱼的方法**　离岸2米处，用3根竹竿做成简易三角架，将沼气灯固定。

## 116. 怎样利用沼气养蚕？

**(1) 沼气养蚕的特点**　沼气养蚕是指用沼气灯给蚕种感光收蚁和燃烧沼气给蚕室加温，能达到孵化快、出蚁齐、饲料期短，提高蚕茧的产量和质量的目的。该技术特别适用于春蚕感光收蚁和秋蚕加温促生长。

**(2) 沼气灯感光收蚁的方法**　蚕种催青到快孵化时，催青室内完全黑暗，把蚕种纸摊开，平放在距离沼气灯65～70厘米处，点燃沼气灯，照射1小时左右，一张蚕种纸就能出蚁一大半。未孵化的，第二天用同样的办法重复照射一次，即可完全出齐。

**(3) 沼气升温养蚕的方法**

①沼气灯直接照明加温。一般一盏沼气灯可加温一间65米$^2$左右的蚕室，沼气灯离最近的蚕1.2米以上，一盏沼气灯一昼夜耗用沼气1.2米$^3$左右。此法特别适用于秋蚕和晚秋蚕养殖。

②用红外线灶具加温。用红外线灶具升温能使整个蚕室温度较快升高，而且可以在灶具上安放盛水铝锅，增加蚕室湿度。未放锅时灶具上应安放旋转铁皮或铝皮，以防烫死蚕子灶具应离蚕具60厘米以上。不足之处是红外线灶具耗气量较大。

## 117. 沼渣、沼液有哪些利用方式？

沼渣、沼液是人畜粪便、农作物秸秆等农业废弃物经沼气池厌氧发酵后形成的产物。沼肥（包括沼液和沼渣）可作为优质有机肥提供作物营养，刺激和调节作物生长，对某些病害和虫害具有防治作用，并能增强作物抗病性。施用沼肥，不仅能显著地改良土壤，确保农作物生长所需的良好微生态环境，还有利于增强其抗冻、抗旱能力，减少病虫害，同时减少农药、化肥的使用量，降低生产成本。

**（1）沼肥中的营养成分** 沼渣、沼液含有丰富的有机质、氮、磷、钾等营养成分，是一种优质、高效、无毒无害的有机肥料和养料。

沼渣是固体的物质，含有腐殖酸10%～20%，有机质30%～50%，全氮1.0%～2.0%，含磷0.4%～0.6%、全钾0.6%～1.2%，还富含腐殖质、微量营养元素、多种氨基酸、酶类和有益微生物等，是一种持效性和速效性兼备的肥料。沼渣中仍含有较多的沼液，其固体物含量在20%以下，其中含有部分未分解的原料和新生的微生物菌体，在施入农田后会继续发酵，释放肥分。沼液的养分含量在3%～5%左右。沼液中含有各类氨基酸、维生素、蛋白质、赤霉素、生长素、糖类、核酸以及抗生素等，对调节土壤环境很有好处。

**（2）沼肥与普通农家肥的区别** 禽畜粪便细菌含量较多，施入田间后病原菌滋生，导致病虫害加重，非常不利于田间作物的生长。禽畜粪便经过厌氧发酵后，有害生物含量大幅度降低，去除率可达70%，其中寄生虫卵可以全部杀死，大肠杆菌及细菌消灭率达99%，有效地控制蚊蝇孳生，保证了肥料的清洁度。

禽畜粪便经过沼气发酵后，各种养分元素基本都保留在沼渣、沼液中，而且其中的有机物质分解充分、有效养分释放快，并且保肥效果好，其中水溶性的物质保留在沼液中，而不溶解或难分解的有机物和无机物则保留在沼渣中，并且在沼渣表面还吸附了大量可溶性有效养分，与未发酵禽畜粪便和堆沤肥相比，沼肥是一种富含养分且很有实用价值的有机肥料。

**（3）沼肥的利用方式** 沼渣、沼液中含有丰富的营养成分，用途十分广泛，在农业生产中的利用方式主要有以下几方面：

①可作为农作物的基肥、追肥。

②沼液可作为叶面肥对作物施肥。

③沼液可用于农作物浸种，能使种子内部酶的活动得到激发，促进胚细胞分裂，刺激生长，调控生长基因。

④沼液可防治作物病虫害。

⑤配制花卉、蔬菜育苗和栽培食用菌等方面的培养料。

⑥沼渣沼液中含有粗蛋白、粗纤维、粗脂肪等成分，可作为养殖业饲料添加剂。

## 118. 怎样才能充分发挥沼肥的肥效?

沼气发酵残留物主要用作肥料，故又称沼肥，是一种优质的有机肥料，肥效成分比较全面，含有氮、磷、钾及其他一些对作物有用的营养成分，沼气池沉渣中还含有许多有机质和腐殖酸。所以施用沼气肥，对提高农作物产量，改良土壤，提高土壤肥力，都有着重要作用，它可以作为基肥也可作为追肥。而且，沼肥在经厌氧处理的过程中，病原菌和害虫卵被大量杀伤，减少了危害农作物的病原菌和虫口基数。此外，沼气肥含腐殖质高，残渣细软、黏腻，有利于和土壤胶体充分混合，能增加土壤的水稳定性颗粒，常施沼气肥能增强土壤的保水保肥能力，使土壤疏松绵软，通透性能好，起到改良土壤、培肥地力的作用。

**（1）适当深施**　沼气肥含有较高的氨态氮和速效磷、速效钾等养料，深施有助于保肥，避免日晒导致氨态氮的挥发或水分流失带走养分。

**（2）用量适当**　过量施用沼气肥也会发生贪青晚熟的弊病。对施用鲜沼气肥的试验研究表明：每 1/15 公顷（667 米$^2$）施用量低于 1 万千克无害；超过 15 万千克，前期作物根部受抑制，后期略有贪青晚熟等情况发生。

**(3) 适时施用** 沼气肥较一般有机肥易分解、易淋溶、易挥发。要选择晴天的早晨或傍晚随出随施、随施随覆土。

**(4) 根据作物种类巧施肥** 对于麦类生长期长且有越冬期的作物，应前期巧施（作种肥、穴肥等），中期重施。对于生育期短、需肥量集中的作物，沼气肥应作基肥，施于土中10厘米左右，配合适量化肥作叶面肥和早期追肥。

## 119. 怎样利用沼液对作物叶面施肥？

沼液富含多种作物所需的营养物质（如氮、磷、钾），因而适宜作根外施肥，其效果比化肥好。沼液喷施在作物生长季节都能进行，特别是当农作物以及果树进入花期、孕穗期、灌浆期和果实膨大期，喷施效果更为明显。对水稻、麦类、棉花、蔬菜、瓜果类、果树都有增产作用。沼液既可单施，也可与化肥、农药、生长剂等混合施。叶面喷施沼液，可调节作物生长代谢，补充营养，促进生长平衡，增强光合作用，尤其是施用于果树，有利于花芽分化，保花保果。

**(1) 沼液叶面追肥时操作要点**

①沼液应从正常产气1个月以上的沼气池中取出，澄清、纱布过滤后施用，以防堵塞喷雾器，喷雾器密封性要好，以免溅、漏，弄脏身体。施用频率按每7～10天1次。

②施用时间在作物生长期间，晴天下午最好。

③施用浓度应根据沼液浓度、施用作物及季节、气温而定。总的原则是：幼苗、嫩叶期1份沼液加1～2份清水；夏季高温，1份沼液加1份清水，气温较低，又是老叶（苗）时，可不加清水。

**(2) 常见的几种农作物沼液叶面追肥时操作要点**

①水稻、小麦　喷施时间从圆梗开始，至灌浆结束，10天1次，浓度为1份沼液加1份清水，作用是增加实粒数，提高千

粒重。

②西瓜　从初伸蔓开始，每10千克沼液加入30千克清水；初果期，每15千克沼液加入30千克清水；后期，20千克沼液加入20千克清水。作用是增强抗病能力，提高产量，有枯萎病的地方，效果更显著。

③葡萄　每株葡萄喷洒沼液为1千克，展叶期开始，至落叶前结束，7～10天1次。浓度是1份沼液加1份清水。效果是果实膨大一致，可增产10%左右，兼治病虫害。

④棉花　全生育期均可进行，只是现蕾前沼液清水配比为1∶2，现蕾后1∶1，10天1次。效果是叶色厚绿，保花保铃，兼治红蜘蛛和棉蚜。

⑤苹果　叶面喷施需在无风的晴天或阴天进行，并尽可能选在湿度较大的早晨或傍晚，避免雨天和中午气温较高时喷施。叶面喷沼液从落花后1周开始，在果实采收前1个月结束，采果后止落叶前可继续叶面喷沼液。每次间隔10～15天，随喷药同时进行。落叶后到开花期，树上不喷沼液，可采用根部浇施，在整个苹果生产季节也可根灌沼液。根部浇施沼液时，一定要用清水稀释2～3倍后使用。在树冠垂直投影的外线挖15～20厘米浅沟浇施。幼树每株沼液5千克，稀释后浇施，或浇施沼液后再用适量清水浇灌，以免烧伤根系。挂果树，每次灌施30～50千克。每隔30天灌1次，对果树的根腐病有很好的预防和治疗效果。

## 120. 怎样利用沼渣、沼液给蔬菜施肥？

利用沼肥种菜可提高蔬菜抗病虫害能力，减少农药和化肥的投资、提高蔬菜品质，避免污染，是发展无公害蔬菜的一条有效途径。

**(1) 沼渣作基肥**　采用移栽秧苗的蔬菜，基肥以穴施方法进行。秧苗移栽时，每667米$^2$用腐熟沼渣2 000千克施入定植穴内，与开穴挖出的原土混合后进行定植。对采用点播或大面积种植的蔬菜，基肥一般采用条施条播方法进行。对于瓜菜类，例如南瓜、冬瓜、黄瓜、西红柿等，一般采用大穴大肥方法，每 667 米$^2$ 用沼渣 3 000 千克、过磷酸钙 35 千克、草木灰 100 千克和适量生活垃圾混合后施入穴内，盖上一层厚 5～10 厘米的园土，定植后立即浇透水分，及时盖上稻草或麦秆。

**(2) 沼液作追肥** 一般采用根部淋浇和叶面喷施两种方式。根部淋浇沼液量可视蔬菜品种而定，一般每 667 米$^2$ 用量为 500～3 000 千克。施肥时间以晴天或傍晚为好，雨天或土壤过湿时不宜施肥。叶面喷施的沼液需经纱布过滤后方可使用。在蔬菜嫩叶期，沼液应对水 1 倍稀释，用量在 40～50 千克，喷施时以叶背面为主，以布满液珠而不滴水为宜。喷施时间，上午露水干后进行，夏季以傍晚为好，中午、下雨时不喷施。叶菜类可在蔬菜的任何生长季节施肥，也可结合防病灭虫时喷施沼液。瓜菜类可在现蕾期、花期、果实膨大期进行，并在沼液中加入 3%的磷酸二氢钾。

**(3) 注意事项**

①沼渣作基肥时，沼渣一定要在沼气池外堆沤腐熟。

②沼液叶面追肥时，应观察沼液浓度。如沼液呈深褐色，有一定稠度时，应对水稀释后使用。

③沼液叶面追肥，沼液一般要在沼气池外停置半天。

④蔬菜上市前 7 天，一般不追施沼肥。

## 121. 怎样利用沼渣、沼液给果树施肥?

**(1) 沼渣的施用技术**

①沼渣作为基肥直接施用。在收获后或整形修剪完，直接把沼渣集中沟施或穴施，然后覆盖 10 厘米厚的土层，以减少养分氨态氮挥发。每 667 米$^2$ 施用沼渣 1 000 千克左右（小树少施）。

②沼渣与其他肥料混合当基肥施用。收获后或整形修剪完，施沼渣混合肥，沟施或穴施，然后覆盖10厘米厚土层，每667米$^2$ 施沼渣混合肥500千克左右。

**（2）沼液施用技术**

①沼液作根部追肥。幼树追肥方法为，在果园的浇水入口处修筑大型的沼液沟，将沼液放于其内，用水流使其稀释，然后施入果园，每667米$^2$ 的施用总量为20米$^3$，分3～4次进行追施，每户可根据自己的实际情况进行浇灌，也可采用先浇一部分沼液，然后再浇水，同样可以达到稀释的目的，也可起到良好的肥料效果。

②沼液喷施叶面，作叶面追肥和防治病虫害。当果树长势不好时，可用纯沼液在叶面喷洒，其稀释浓度为每100千克沼液对200千克清水。沼液对害虫特别是对蚜虫，红、黄蜘蛛和枯萎病等病害有一定的防治作用。

③如病虫害为害严重，在喷洒的沼液中加入相应的农药防治，效果更好。

## 122. 怎样利用沼渣、沼液种植梨树？

用沼液及沼渣种梨，花芽分化好，抽梢一致，叶片厚绿，果实大小一致，光泽度好，甜度高，树势增强；能提高抗轮纹病、黑心病的能力；提高单产3%～10%，节省商品肥投资40%～60%。

**（1）利用沼渣、沼液种植梨树的技术要点**

①幼树。生长季节，可每月施1次沼肥，每次每株施沼液10千克，其中春梢肥每株应深施沼渣10千克。

②成年挂果树。以产定肥，以基肥为主，按每生产1 000千克鲜果需氮4.5千克、磷2千克、钾4.5千克要求计算（利用率40%）。

③基肥。占全年用量的80%，一般在初春梨树休眠期进行。方法是在主干周围开挖3～4条放射状沟，沟长30～80厘米、宽30厘米、深40厘米，每株施沼渣25～50千克，补充复合肥250克，施后覆土。

④花前肥。开花前10～15天，每株施沼液50千克，加尿素50克，撒施。

⑤壮果肥。一般分两次施用。一次在花后1个月，每株施沼渣20千克或沼液50千克，加复合肥100克，抽槽深施。第二次在花后2个月，用法用量同第一次，并根据树势有所增减。

⑥还阳肥。根据树势，一般在采果后进行，每株施沼液20千克，加入尿素50克，根部撒施。还阳肥要从严掌握，控好用肥量，以免引发秋梢秋芽生长。

**(2) 注意事项**

①梨属于大水大肥型果树，沼肥虽富含氮、磷、钾，但对于梨树来说还是偏少。因此，沼液、沼渣种梨要补充化肥或其他有机肥。如果有条件实行全沼渣、沼液种梨，每株成年挂果树需沼渣、沼液250～300千克。

②沼液、沼渣种梨若与叶面喷沼液结合，效果更好。

## 123. 怎样利用沼渣、沼液栽培蘑菇?

**(1) 沼肥栽培蘑菇的优势** 沼渣已经过厌氧发酵，培育蘑菇时杂菇少；沼肥含有丰富的氮、磷、钾和微量元素，养分丰富而全面；管理方便，节省劳力。用沼渣代替秸秆等育菇原料，增加了原料来源，降低了费用，一般成本下降36%。沼渣种菇，产量可提高15%，一、二级菇比重大。

**(2) 沼肥栽培蘑菇的方法**

①沼渣准备。播种前，将沼渣出池沥干，趁天晴摊薄曝晒，去除未腐熟好的长残渣。曝晒时间以手紧捏沼渣，指缝有水而不

下滴为宜。处理后的沼渣，按其重量加入1%熟石膏粉、1%过磷酸钙及0.5%尿素备用。

②菇房及床架准备。菇房一般可选用有对开门窗的空房。菇床可用竹、木、铁搭成多层床架，第一层距地不低于25厘米，以上各层相距60厘米，以秸秆、树枝铺平。菇房用20倍福尔马林溶液熏蒸或50倍液喷洒，也可用50倍石硫合剂全面喷洒墙壁、地面和菇床，关闭菇房1～2天。将沼渣平铺在菇床上，保持自然疏松，厚度12～14厘米。

③播种。选择纯洁菌种，按10厘米×10厘米的间距，用手指均匀打2厘米深的播种穴，将菌种掏出按每穴拇指大小一块放入，随手盖一薄层培养料，以利菌丝生长。播种后，把料面整平稍拍一下，让培养料和菌种接触紧密，但不能用力拍实，以免密不透气。用清水浸湿的干净报纸覆盖，关好门窗。保持房内温度30℃以下，空气湿度60%～70%，以利菌丝早日定植。

④覆土前的管理。从播种到覆土约需20天，这段时间主要是促菌丝生长，管理重点是防高温，尽量使室温维持在22～25℃，湿度65%。播种后的10天内，每天需揭动报纸1～2次，以通风换气。10天后可揭去报纸，早晚开门窗，并逐步增加通风次数，注意防杂菌。

⑤覆土。覆土就是在长满菌丝的料面上覆盖一层土粒。覆土的土质最好选用水田犁底层以下略带沙性的土壤或池塘底层泥土。覆土时先覆大粒（直径2～3厘米），做到料面不外露，土粒不重叠。然后覆盖小粒（如蚕豆大小）。土粒含水量20%左右，pH在7.0～8.0为宜，如过酸，可用0.5%石灰水喷雾调节。

⑥出菇前的管理。覆土后，若温度、湿度及通风条件适宜，约20天即可出菇。覆土后的2～3天内，每天轻喷水2～3次；10～15天内，早晚各喷水1～2次，并注意通风，适当降低空气湿度，使土粒表面略显干燥，以促进绒毛状菌丝在土粒间横向生

长，为出菇打下良好的基础。

覆土 15 天前后，即可见菌蕾。这时要喷“出菇水”，每天 1 次，水量略有增加，连续 2～3 天，使土湿润，达到手捏黏手程度。每喷 1 次出菇水，菇房就要大通风 1 次。7 天左右，蘑菇子实体可长到黄豆大小，连续 2 天各喷 1 次重水（但不能让水渗到培养料表层），增加土粒湿度，让小菇及时得到足够水分，迅速膨大。

**(3) 适用范围** 蘑菇生产基地及广大农户、育菇专业户。

## 124. 怎样利用沼渣、沼液种西瓜？

**(1) 沼肥种西瓜的特点** 该技术简便易行，成本低；利用沼肥种西瓜，西瓜味甜、个大，产量高，上市期提前。

**(2) 沼肥种西瓜的方法**

①适时播种。3 月下旬播种，播前精选种子晒 1～2 天，用塑料袋装好，放入沼气池出料间浸泡 8～10 小时，取出轻搓 1 分钟左右，洗净催芽。用营养土（1 份沼渣加 1 份土）制成营养钵。

②施足基肥，适时定植。施足冬基肥，每 667 米$^2$ 施 2 500 千克沼渣肥，均匀铺于瓜垄表面后深翻入土，在苗达 6 片叶时定植，定植前半个月，再施 1 500 千克沼渣肥，根据情况补充 50 千克钾、磷肥，浅翻入土。

③搞好田间管理。定苗活棵后追 1～2 次沼液，每次 500 千克左右，浓度不宜过高（1 千克沼液对 2 千克清水），行间点施，瓜苗出藤后，重施 1 次果肥，比例是 100 千克腐熟饼肥，50 千克沼肥，10 千克钾肥，开 10 厘米左右的沟，施后覆土。第一批西瓜收获后，用稀释沼液进行根外追肥，7～10 天追 1 次。

**(3) 适用范围** 该技术适用于广大农村、农场及西瓜种植专业户。

## 125. 怎样利用沼渣、沼液种烤烟？

**（1）沼液沼渣旱土育苗**　将种子在沼液中浸种12小时后，轻轻搓洗，换清水再浸6小时，装入布袋或竹编容器内催芽。种子露白时，即可播入旱床。出现4片真叶时，可用对水1倍的沼液淋浇1次。经常揭膜炼苗，40～60天后便可移栽。

**（2）整地施肥**　移栽前15天整好地，浅耕20厘米，耙平做畦，畦宽100～110厘米，沟宽35～40厘米，畦高15厘米，开好腰沟、围沟。按株距50厘米、行距90～100厘米的标准开沟或开穴，沟深15厘米。在沟（穴）内先行施入基肥，每667米$^2$施入沼肥1 600千克、复合肥15千克、过磷酸钙25千克的混合肥，每株1.2千克，施肥后当即覆土10厘米。

**（3）移栽**　移栽时，烟秧苗要尽量带土，以免损伤根系。覆土后，稍加压，浇透定根水。

**（4）管理**　移栽后7天，松土除草，并施对水1倍的沼液，每株0.4千克。20天时，中耕小培土，每667米$^2$施沼液1 000千克、复合肥5千克、氯化钾5千克。30天时，进行中耕大培土，每667米$^2$施沼液1 000千克、复合肥10千克、氯化钾5千克，并培高畦面至15厘米左右。烟叶生长后期宜少施氮肥，以免烟苗贪青晚熟。对长势差、叶色淡黄的烟苗，可在清晨或傍晚用0.3%磷酸二氢钾、0.2%～1%硫酸铁、0.1%～0.25%硼砂、10%草木灰溶于沼液后进行叶面喷施，并注重打顶抹杈和防治病虫害。

**（5）注意事项**　移栽后，烟苗培土追肥必须在1个月内完成。过晚可能导致烟株贪青晚熟，影响烟质。中后期追肥要视苗情而定，生长旺盛、叶面深绿的只增施磷钾肥，而不用沼液追肥。

## 126. 沼肥在花卉上有哪些应用?

**(1) 露地栽培**

①基肥。提前15天,结合整地,每平方米施沼肥2千克,拌匀。若为穴植,视树大小,每穴施1～2千克,覆土10厘米,然后栽植。

②追肥。追肥应根据需要从严掌握,不同的花卉品种需肥和吸肥能力不完全相同,因此,施用沼肥应有所不同。生长较快的花卉、草本花卉、观叶性花卉,可每月喷1次沼液,浓度为3份沼液7份清水;生长较慢的花卉、木本花卉、观花果花卉,按其生育期要求,1份沼液加3份清水追肥。

③穴施。可在根梢处挖穴,采用沼液、沼渣混施,依树大小,每株施0.5～5千克不等。

**(2) 盆栽**

①配制培养土。腐熟3个月以上的沼渣与盆土拌匀,比例:鲜沼渣1千克、盆土2千克,或者干沼渣1千克、盆土9千克。

②换盆。盆花栽植1～3年,需换土、扩钵,一般品种可用上述方法配制的培养土填充,名贵品种需另加少许盆土降低沼肥含量。凡新植、换盆花卉,不见新叶不追肥(20～30天)。

③追肥。盆栽花卉一般土少干大,营养不足,需要人工补充,但补充的时间和多少,是盆栽花卉、特别是阳台养花的关键。

**(3) 注意事项**

①沼肥一定要充分腐熟,尤其是沼渣,可将新取沼渣用桶存放20～30天再用。

②沼液作追肥和叶面喷肥前,应敞放2～3小时。

③沼肥种盆花,应计算用量,切忌性急,过量施肥。

## 127. 什么是沼液浸种？

沼液浸种，是农民群众在沼气综合利用的实践中创造的一种浸种方法，它同清水浸种相比，不仅可以提高种子的发芽率、成秧率，促进种子生理代谢，提高秧苗素质，而且可增强秧苗抗寒、抗病、抗逆性能。

沼液浸种，是一项操作简单、容易推广的成功技术，具有较好的增产效果和经济效益。农作物种子在发芽前要经过浸泡，使其吸水后从休眠状态进入萌动状态。浸种对作物的发芽、成秧以及栽种后的生长发育起着重要的作用，对作物收成有着重要的影响。传统的浸种是在清水中进行，为了防治病害，有时也在清水中加入少量农药。

## 128. 为什么沼液浸种可以促进增产？

沼液是各种有机物在沼气池中经过厌氧发酵后的一种液体有机肥料。沼液不仅含有多种氨基酸、维生素类、蛋白质、酶、矿物质以及生长素、赤霉素等对作物生长代谢有调节作用的水溶性养分，而且这些营养元素基本上以速效养分形式存在，因此，这种液体有机肥料的速效营养能力强，养分可利用率高。所含的生长素既可以促进植物根系的发育，又有助于植物体内的氮代谢。

在浸种过程中，种子能吸收沼液中的各种营养物质和微生物分泌的多种活性物质，这些物质能够激活种子体内酶的活动，促进胚细胞分裂，刺激生长。经过沼气池厌氧发酵处理的沼液具有杀灭病原菌的能力，病菌和虫卵被杀灭，无毒无害；沼液中的多种微生物及其分泌的活性物质，对种子表面的有害病菌具有一定的抑制和杀灭作用，沼液中的氨离子也能杀灭种子病菌，得到药物浸种的同等效果。

据各地试验表明：沼液浸种对水稻根腐病、纹枯病、小球菌核病、恶苗病、棉花炭疽病、玉米大小斑病原有较强的抑制作用，沼液浸种可使水稻增产5%～10%，玉米增产5%～10%，小麦增产5%～7%。

## 129. 怎样进行沼液浸种？

**（1）晒种** 为提高种子的吸水性，浸种前种子需翻晒1～2天，清除杂物、杂种及破种，以保证种子纯度和质量。

**（2）装袋** 选择透水性好的编织袋或布袋，装种量依据袋子的大小而定，一般20～30千克，留出一定的空间（以1/4为宜），以备种子吸水后膨胀。

（3）清理沼气池出料间浮渣、沉渣等杂物。

**（4）揭盖透气** 加有盖板的出料间应清渣前1～2天揭开透气，并搅动料液几次，让硫化氢气体逸散，以便于浸种。

**（5）浸种** 将装有种子的袋子用绳子吊入正常的沼气池出料间中部液料中，在出料口上横放一根木杠，浸种时用绳子一端系在袋口上，一端系在木杠上。

**（6）浸种后处理** 提出种子袋，自然漏干沼液，将种子放在清水中清洗干净、晾干后催芽，播种。

沼液浸种的时间应当根据地区、品种、温差等灵活掌握，以种子吸足水分为宜。几种主要农作物的浸种时间和技术要点如下：

**（1）小麦** 适用于土壤墒情较好时采用，播前1天进行，浸种12小时，清水洗净，沥干水分即可播种。

**（2）玉米** 先把玉米种翻晒1～2天，装袋一次浸泡4～6小时，提起种子袋，种子起水后，将种子用清水洗净，摊晾沥去水分，适时播种。

**（3）花生** 先把选好的花生种装入容器中，浸泡4～6小时，随时观察，掌握浸透程度，提起容器，用清水洗净晾干，即可播种。

**（4）甘薯、马铃薯** 将选好的薯块分层放入大缸或清洁的水池内，取正常运转产气的沼气池沼液倒入，以沼液浸泡过上层薯块表面 6 厘米为宜，一次浸泡 4 小时，浸种结束后，清水洗净，然后催芽或播种。

**（5）豆类** 一次浸 2～4 小时，清水洗净后催芽或播种。

**（6）西瓜** 浸 8～12 小时，中途搅动 1 次，结束后取出轻搓 1 分钟，洗净，保温催芽 1～2 天，温度 30℃左右，一般 20～24 小时即可发芽。

## 130. 安全使用沼液浸种应当注意哪些问题？

（1）沼液浸种对种子的质量要求和处理与常规相同，即要求选用上年生产的纯度高和发芽率高的新种，晾晒 1～2 天，最好不要陈种。

（2）用于沼液浸种的沼气池，一定要正常产气 2 个月以上，pH 在 7.2～7.6，长期未用的沼气池中的沼液若流入了生水、有毒污水或生畜禽粪尿的不能用于浸种。

（3）浸种时间随地区、品种、温度差别灵活掌握，浸种时间不可过长，以种子吸足水分为好。

（4）沼液浸过的种子，都应用清水淘净，然后播种或催芽，沼液浸种会改变某些种壳的颜色，但不会影响发芽。

（5）注意安全，池盖应及时还原，严防人畜掉入池内发生意外。

## 131. 怎样施用沼液防治农作物病虫害？

沼液防治病虫主要通过沼液浸种、施用沼肥作底肥和追肥。

沼液防治病虫害无污染、无残毒、无抗药性而被称为“生物农药”。实验表明，沼液对粮食、经济作物、蔬菜、水果等13种作物中的23种病害和4种害虫有防治作用，有的单用沼液就已达到或超过药物的功效，有的加大强化了药物的防治效果。

**(1) 沼液能够防治农作物病虫害的原因** 沼液中含有许多种生物活性物质，如氨基酸、微量元素、植物生长刺激素、B族维生素和某些抗生素等。其中有机酸中的丁酸和植物激素中的赤霉素、吲哚乙酸以及维生素 $B_{12}$ 对病菌有明显的抑制作用。沼液中的氨和铵盐、某些抗生素对作物的虫害有着直接杀伤作用。

**(2) 沼液防治的病虫害的对象和使用方法** 用沼液防治不同的病害，而且生产出的农产品无农药残留，生产过程中不会污染周边环境。其用量以及配合的药剂也有所不同，需区别对待。

①沼液防治农作物蚜虫、菜青虫。取沼液14千克，加入洗衣粉溶液0.5千克（溶液按洗衣粉和清水0.1∶1的比例配制）或煤油0.5千克，配制成沼液复方治虫剂，在晴天上午喷施，也可直接泼洒。每次用液量为35千克，第二天再喷1次。

②沼液防治玉米螟。玉米螟是春玉米、夏玉米的主要害虫。在螟虫孵化盛期，取沼液50千克，加入2.5%敌杀死乳油10毫升配成药液，用喷雾器喷头朝下浇玉米芯施药。采用农药与沼液混合浇玉米芯叶，可取得防虫、施肥双重效果。

③沼液防治西瓜枯萎病。每667米$^2$施沼渣2 000～2 500千克作基肥，在西瓜生长期叶面喷施沼液3～4次，若6小时以内遇雨，则应补施，这样基本上可控制西瓜地枯萎病大面积发生。对个别发病株，及时用沼液原液灌根，也能杀灭病原菌，救活病株。

④沼液防治水稻螟虫。每667米$^2$取沼液1 000千克，清水1 000千克，混合均匀，泼浇。

⑤沼液防治柑橘螨、蚧和蚜虫。取沼液50千克，双层纱布过滤（放置2～3小时），直接喷施，10天1次。在果树黄蜘蛛、

红蜘蛛、蚜虫等害虫的发生高峰期，连续喷施 2～3 次。若气温在 25℃以下全天可喷；气温超过 25℃，应在下午 5：00 以后进行。如果在沼液中加入 1：1 000～3 000 的灭扫利等药剂，灭虫卵效果更为显著，且药效持续时间达 20 天以上。一般情况下，红、黄蜘蛛 3～4 小时失活，5～6 小时死亡 98%。

此外，沼液对棉花的枯萎病和炭疽病菌、马铃薯枯萎病、小麦根腐病、水稻小球菌核病和纹枯病、玉米的大小斑病菌以及果树根腐病菌也有较强的抑制和灭杀作用。

## 132. 怎样利用沼液喂猪?

沼液喂猪是在常规饲养的情况下，利用沼液作为添加剂，促进生猪生长的一项技术措施，不仅生长速度快，饲料转化率高，而且降低了饲料消耗，从而开辟了新的饲料来源，是一项安全的使用技术。

**（1）沼液喂猪特点**

①养分全面。沼肥中富含葡萄糖、果糖、脂肪酸、氨基酸等营养物质及其衍生物，并且含有铁、锌、铜、锰、铬、钼、镍、硫等必需的微量元素。

②无污染。厌氧发酵杀死了致病菌及寄生虫卵。

③饲喂方法简单，取料方便，效果明显。

④生长速度快，育肥期缩短，提高了出栏率，成本降低 35%。

**（2）沼液喂猪的方法**

①在喂猪时，应当用产气良好、无有毒物质污染的沼气池出料间的中层沼液，用粪勺或者其他容器从沼气池出料口中取出适量的中层沼液，沉淀 0.5～1 小时，将沼液放入饲料中搅拌即可。夏季饲料拌好后可放置 3～5 分钟，春季可放置 5～10 分钟，冬季可放置 10～15 分钟。目的，主要是使沼液渗透到饲料里，另

一方面使其氨味挥发掉。开始添加沼液时，如猪不适应沼液的臭味时，可在饲料中加少量的沼液，适应后适当加大沼液量。

②由于猪的不同生长发育阶段，其体重，摄食量和采食习性等情况有所不同。因而，沼液添加量也要因猪制宜。一般分为三个阶段：一是仔猪阶段（体重在25千克以下）。这个阶段的仔猪一般不宜添加沼液，即使要加也要少量地加。二是架子猪阶段（体重25～50千克）。这一阶段猪的骨骼发育迅速，质量增大，开始添加沼液，每次沼液用量为0.5千克左右，每天3～4次，如在饲料中增加少量骨、鱼粉，增重效果更为显著。三是育肥阶段（50～100千克）。这一阶段猪全面发育，食量大，增重快，因而沼液量也应增加到每次1千克左右。每天3次。当猪的体重达到100千克以上时，虽可添加沼液饲料，但增重速度减慢。超过120千克时，增重速度与日常饲养的增重速度相差不大。如长期不出栏，可停止添加沼液。

③用沼液生拌饲料至半干半湿，如沼液量不够，可另加清水，饲料以猪吃完不剩为标准。每次沼液添加的用量要根据沼液浓度来控制，沼液浓度大的可以少添一些。绝不能看猪十分爱吃时就多加，不爱吃时就少加，甚至不加，这样会打乱猪的口味适应性，对猪的生长十分不利。

## 133. 沼液喂猪应当注意哪些问题？

（1）饲喂沼液，猪有个适应过程，可采取先盛放沼液让其闻气味，或者饿1～2顿，增加其食欲，再将少量沼液拌入饲料等方法诱食，3～5天后即可正常进行。

（2）严格掌握日饲喂沼液量，最好准备一个小瓢，称其重量，作为计量工具。如发现猪饲喂沼液后拉稀，是因喂量偏大，可减量或停喂2天，待正常后继续进行。沼液不能随取随喂，取出后搅拌或放置1～2小时再喂。

（3）沼液喂猪，主要解决广大农村猪饲料营养不完全的问题。故猪的防疫、驱虫、治病等仍需在当地兽医的指导下进行。

（4）如猪出现腹泻症状，应立即停止添加沼液，并请兽医进行诊断；如确诊无病，在腹泻症状消失后，要适当减少沼液添加量，一般每次比原添加量减少 100 克左右。

（5）注意安全，池盖应及时还原，以防人畜掉入。沼液喂猪期间，死畜、死禽、有毒物不能进入沼气池。

## 134. 沼液喂猪符合卫生标准吗？

沼液喂猪符合卫生标准。沼液中除含有促进猪生长的氨基酸外，还含有铜、锌等微量元素。沼液喂猪能有效地解决广大农村猪饲料营养不全的问题。沼液中无寄生虫卵和有害病原微生物，喂猪安全可靠。沼液中有害元素镉、汞、铅等均低于国家生活用水标准。沼气发酵原料高温发酵时，对伤寒和副伤寒杆菌、痢疾杆菌、大肠杆菌、钩虫卵、血吸虫卵等都能杀死，有防病的作用。

## 135. 怎样利用沼肥鱼塘养鱼？

**（1）沼肥鱼塘养鱼的特点**

①沼渣是优质的有机饲料，鱼类食后生长快，产量高。

②减少鱼病传染，沼气厌氧发酵杀灭了害虫卵、病菌。

③节约精饲料，降低养鱼成本。

④节省劳力，采用沼气池与鱼塘配套技术。

**（2）沼肥的要求** 应使用正常产气 1 个月以后的沼液、沼渣。沼渣可以直接投入池中作为鱼的饵料，也可拌入人工饲料喂鱼。沼液也不必进行固液分离处理，可以直接泼洒入鱼池中，培育浮游生物。沼渣和沼液可轮换施用，也可同时施入。沼液具有一定的还原性，从沼气池取出后应放置3小时以上使用效果会更好。

**(3) 鱼种选择** 选择以滤食性鱼类为主（不低于70%）的混合鱼种。具体搭配：花、白鲢占60%～70%，花、白鲢比例以1∶6为宜，其他杂食性鱼类（鲫鱼、鲤鱼）占20%～30%。

**(4) 施用方法**

①施用时间。最好在晴天8：00～10：00时施用，阴雨天可少施或不施。

②基肥。一般在春季清塘、消毒后进行，每667米$^2$撒施沼渣150千克，或沼液300千克。

③追肥。追肥施用量应比基肥适当减少，施用沼渣沼液，一次施用量不宜过多，应坚持少量多次的原则，可根据季节和鱼池的水质来确定具体的施用方法，见表7-1。

**表7-1 沼肥施用方法**

| 时 间 | 沼渣沼液用量 |
| --- | --- |
| 4～6月份 | 每周每667米$^2$施沼渣100千克或每周每667米$^2$施沼液200千克 |
| 7～8月份 | 每周每667米$^2$施沼渣75千克或每周每667米$^2$施沼液150千克 |
| 9～10月份 | 每周每667米$^2$施沼渣100千克或每周每667米$^2$施沼液200千克 |

**(5) 适用范围** 适用于湖区集中连片养鱼区、农村鱼塘及养殖渔场。

## 136. 怎样利用沼肥稻田养鱼?

**(1) 沼肥稻田养鱼的特点** 沼肥稻田养鱼，既能提高水稻产量，又能获得较高产量的成鱼，同时还能防治水稻病虫害。

**(2) 沼肥稻田养鱼的方法**

①稻田整理成型，栽秧前，在田中每隔4～5米挖掘深0.25米、宽0.3米的沟。在鱼沟交接处挖长1米、宽0.4米、深

0.6～0.8 米的鱼坑，然后每 667 米$^2$ 施沼肥 750～1 000 千克，作底肥以水色呈茶黄色能看得清 20 厘米深处手背为准。

②鱼苗选配与投放数量。一般采取肥水鱼与杂食性鱼搭配，即以鲫鱼为主，适当搭配鲤鱼（或以滤食性鱼为主；鲢鱼 60%，鳊鱼 5%，鲤鱼 5%，湘鲫鱼 15%，草鱼 15%），稻田插秧后，将长 4～5 厘米鱼苗每 667 米$^2$ 投放 500～700 尾，若长小于 3 厘米，则投放 800～1 000 尾。

③沼肥施用方法。一般每隔 5～7 天施沼肥 1 次，每次每 667 米$^2$施 200～350 千克沼肥。施用时采取沼液喷施，沼渣定点撒施的方式，应注意少量多次，开始少施，随着鱼长大逐渐增加用量，沼渣与渣液的施用比例以 1∶4 为宜。施用应分片进行，不宜满田泼洒，以免水体富含营养而缺氧，施用时间应在早上 8：00～9：00 或下午 2：00～3：00。施肥后，水透明度应保持在 4～5 月份不低于 0.20～0.25 米，6～8 月份以 0.10～0.15 米为宜。

**（3）注意事项** 每次取出沼肥应放置 10～15 分钟，以减弱还原性。在投放鱼时，应先把鱼苗放入浓度为 3%的盐水中 3～5 分钟，以有利于防止鱼生白头、白嘴赤皮等疾病。

**（4）适用范围** 适用于水源较充足的水稻田。

## 137. 怎样利用沼渣养蚯蚓?

**（1）蚓床制作**

①室内养殖，分坑养、箱养、盆养 3 种。一般以坑养为宜，坑大小依养殖数量和室内大小而定。坑四壁以砖砌水泥抹面为好，坑深 35 厘米以上，坑底用水泥抹平或坚实土面亦可，以防蚯蚓逃逸。小规模养殖可采用大箱或瓦盆。

②室外养殖，可选择避风向阳地方挖坑养殖。坑呈长方形，深度不小于 60 厘米，一半在地下，一半在地面以上，四周用砖

砌好，坑底用水泥抹平或坚实土面亦可。

**(2) 放养** 沼渣捞出后，摊开沥干 2 天，然后与 20%铡碎的稻草、麦秆、树叶、生活垃圾拌匀后平置坑内，厚度 20～25 厘米，保持 65%湿度，堆置饵料后，可投放种蚓。

**(3) 管理** 蚯蚓生活适宜温度为 15～30℃，高温季节可洒水降温，室外养殖不可曝晒，应有庇阴设施。气温低于 12℃时，覆盖稻草保暖，保持 65%湿度。经常分堆，将大小蚯蚓分开饲养。

**(4) 注意事项** 预防水蛭、蟾蜍、蛇、鼠、鸟、蚂蚁、螨等天敌的伤害，避免农药、工业废气危害；养殖场所要遮光，不能随意翻动床土，以保持安静环境。

## 138. 怎样利用沼渣、沼液养泥鳅？

**(1) 选址建池** 选择水源有保障、排灌方便的房前屋后，背风向阳，靠近沼气池出料口的地方建池。池的大小因地制宜，一般面积在 10～20 米$^2$ 为宜，池深 1.2 米，池壁用石块或砖砌成，并用水泥抹面。并建专门的进出水口，进出水口设置铁丝网以防泥鳅逃跑。上方应建好蔽阳棚，架设好诱虫灯。

**(2) 清池消毒及放养鳅苗** 每立方米池水用 0.22 千克生石灰，将生石灰化浆趁热全池均匀泼洒消毒，检验池水的 pH，降到 7 以下，或观察有水蚤活动，或把几十条鳅放入池水中安装好的捆箱内试养，若鳅在箱内 1 天生活正常，即可放养鳅苗。人工繁殖或者野生的鳅苗均可用来饲养，鳅苗应无伤、无病、体健活泼。放养前放入 3%～4%浓度的食盐溶液中浸浴 8 分钟，每平方米放养体长 3～4 厘米的鳅种 80～100 尾为宜，放养规格不能相差过大，以免出现大吃小的现象。

**(3) 合理投饵及适时换水** 泥鳅是杂食性鱼类，在饲养过程中，除施沼渣、沼液培育天然的浮游生物饵料外，还可适量投喂适口的螺蛳、蚯蚓，以及豆腐渣、米糠、酒渣和嫩植物的茎叶等饵料。日投饵量占泥鳅总体重的比例分别是：3月份为1%，4～6月份为4%，7～8月份为10%，9～10月份为4%。投饵要坚持四定：定位，池内搭饵台，把饵料投放在饵台上；定时，每天早、晚各投料1次；定质，池内饲料应新鲜、无腐烂发霉；定量，以投饵后2～3小时吃完为宜。沼渣、沼液视池水质轮流投放，沼渣每次每平方米投放250克，沼液每次每平方米投放500克，每周投放1次。在饲养周期中，晚上通电诱虫灯诱虫作鳅鱼的补充饲饵。要经常观察池水水质的变化，一般水质以黄绿色为宜。若发现泥鳅蹿出水面，说明池水过肥，水中缺氧，应及时注入新水，放掉老水。特别是在闷热或雷雨天气，更要注意勤注新水及时增氧。有条件的还可安装增氧机增氧，以防死鳅。

**（4）防治病害及防止敌害**　常见的病害有肤霉病和腐鳍病。可用10～15微克/毫升抗菌素溶液浸浴病鳅10分钟，或者用1毫克/升漂白粉（含有效氯25%～30%）全池泼洒。常见的寄生虫有车轮虫、舌杯虫等。这些寄生虫寄生在鳅苗身上会引起死亡，病鱼体会出现体表黏液增多、离群独游，漂浮水面、食欲减退等症状。此时对病鱼应及时镜检体表黏液，在低倍镜视野下观察约有50个车轮虫或者舌杯虫，可用0.7毫克/升的硫酸铜溶液全池泼洒。对于鼠、蛇敌害，要经常巡池防止。

## 139. 怎样利用沼渣养殖黄鳝？

**（1）沼渣养殖黄鳝的特点**　沼渣中含有较全面的养分，可供鳝鱼直接食用，同时也能促进水中浮游生物的繁殖生长，为鳝鱼提供饵料，减少商品饵料的投放，节约养殖成本。沼渣是经过沼气池厌氧发酵处理的，各种细菌和寄生虫卵绝大部分被杀灭，因此用沼渣作饵料喂养黄鳝能有效地防止鳝鱼的疾病。沼渣已经发酵完全，投入养鳝池后不会过多地消耗水中的溶氧，不会与鳝鱼争氧。实践证明，沼渣养黄鳝是一项养殖成本低，产出效益好，值得推广的新技术。

在自然条件下，1龄黄鳝只能长到5～13克重。通过正常人工养殖，每天投放鳝鱼体重的3%～6%的饵料喂养，1龄黄鳝也只能长到18～40克重。使用沼渣配合人工正常养殖，每天投放饵料量只需鳝鱼体重的2%～4%，且达到的效果比正常养殖好，1龄黄鳝能长到30～70克重。比正常养殖增重约67%，降低成本30%左右。

**(2) 饲养和管理方法**

①筑建养鳝池和巢穴埂。根据养殖规模，确定池容的大小，池深要求1.7米，不浅于1.5米。池子挖好后，池底铺水泥砂浆，池壁用砖（片石）砌好，并用水泥砂浆勾缝，以免黄鳝打洞逃走。筑巢穴埂，沿池壁四周及中央，用卵石或碎石，修一道小埂，高0.7～1米，宽0.5米，石缝用稀泥和沼渣填满，作为黄鳝的巢穴和产卵埂。也可在中间开“十”字沟，自然长，宽0.8米，深0.25米，沟底部要用水泥砂浆抹面，填一些片石，石缝用沼渣和稀泥填满，同样可供黄鳝在石缝中做穴产卵。

②饲养管理。

放料：养鳝池及巢穴埂修筑好后，放黄鳝苗前半月，向池中投放沼渣。

方法：将沼渣与稀泥混合投放，厚度为0.5～0.7米，作为黄鳝的饲料及活动场所。料填好后，即可向池中放水，水深随季节而定，一般夏、秋季节0.5米左右，冬、春季节0.25米左右。

放养量：每平方米投放每条25克左右的小黄鳝2千克左右。

③投料量及投放时机。黄鳝活动的习性是昼伏夜出，夜间活动频繁，所以投料通常在黄昏。小黄鳝苗下池1个月后，每隔10天左右投1次鲜沼渣，每次每平方米15千克。但要注意观察池内水质，应保持池内良好的水质和适当的溶氧量，如发现鳝鱼缺氧浮头时，应立即换水。鳝鱼喜吃活食，在催肥增长阶段，每

隔5～7天投喂一些蚯蚓、螺蚌肉、蚕蛹、蛆蛹、小鱼虾和部分豆饼等，投喂量为鳝鱼体重的2%～4%。鳝鱼是一种半冬眠鱼类，在入冬前要大量摄食，需增大饵料的投放量，贮藏营养，满足冬眠需要。

④常规管理。冬季为保护鳝鱼安全过冬，可将池内的水全部放干，并在池表面覆盖1层10～20厘米厚的稻草保温。夏季气温高，可在池的四周种植丝瓜、冬瓜、扁豆等，并搭架为黄鳝遮阳、降温。加强水源管理，防止农药、化肥等有害物质入池。注意经常观察黄鳝的行为，及时发现鳝鱼的疾病，一旦发现及时用药物防治。

# 第八章　新农村建设沼气工程的安全使用

## 140. 什么是农村沼气工程集中供气？

农村沼气建设具有显著的经济、社会、生态效益，沼气的应用极大地改善了农业生产和农村环境卫生状况，促进了生态环境的良性循环和经济的持续发展。但是，随着农村经济的发展和农民生活水平的逐年提高，对优质清洁能源的需求日益迫切，单纯的户用沼气建设已不能满足农村清洁能源的需求。

沼气可用于照明、取暖、加热，甚至用于发电。发展联户沼气工程，实行集中供气，可以解决非养殖农户对沼气的需求，使所有农户用上清洁廉价的沼气能源，对减少农民生活支出、提高生活水平有重要意义。

农村沼气工程集中供气的规模可分为以下几类：

（1）相邻几户沼气池相互并联在一起，实现联户调节用气，或者共同建造一个沼气池，共同使用。这种方法可以解决因一家一户养殖量少，建户用沼气池无法正常供应发酵原料的矛盾，另一方面可以减少沼气项目建设资金以及有效利用土地。

（2）养殖小区和联户沼气工程结合。在养殖农户相对集中的村庄，以养殖农户为核心，以相邻几户为单元，建造沼气池，配套进行改厕、改厨，通过输气管道集中向附近农户供气。

（3）居住区相对集中的村庄、乡镇建造几个大型的沼气池，统一管理，设计专门的沼气净化设备和配套的沼气输气管道，对全村或全镇居民集中供气。

（4）对于城镇小区居民来说，以每栋或几栋楼为单元，合理规划，建造一个或几个沼气池，实行沼气集中供气，可以有效解决粪便及生活垃圾的污染问题。

（5）以大型养殖场为依托，建设大型沼气工程，集中向周围辐射供气模式。

## 141. 发展联户沼气有哪些优势？

发展农村联户沼气工程，利用村镇和农业产生的废弃物集中生产和供给沼气，既可改善村镇环境，又可生产清洁能源，联户沼气相比户用沼气优势明显，发展前景更为广阔。

（1）联户沼气可以解决因维修、大换料而停用或者因缺少劳动力没有建池条件的问题，尤其是有利于推动以秸秆代替畜禽粪便作为沼气发酵原料，解决沼气池大换料而间断使用的难题。

（2）能因地制宜地用于新农村建设规划的畜牧小区、农村生产生活污水排放系统等，可促进农村生产生活废弃物综合治理和利用，推进农业循环经济的发展。

（3）建立物业管理站，在维持沼气池正常使用的同时，促进农村公共设施的物业管理。

（4）发展农村联户沼气，有利于促进农村邻里之间互相帮助，友好相处，村民自治。

## 142. 联户沼气供气工程有哪几种模式？

**（1）联户集中供气模式**　将相邻或同一村组的沼气池相互连接在一起，实现联户调节用气。供气模式可分为三种方式：

①并联供气模式（图 8-1）。该模式适用于沼气池相对集中的村庄，在户用沼气输气管路的基础上，采用输气管材将相邻的沼气池并联起来，集中供气，统一管理，技术简单，易于推广。

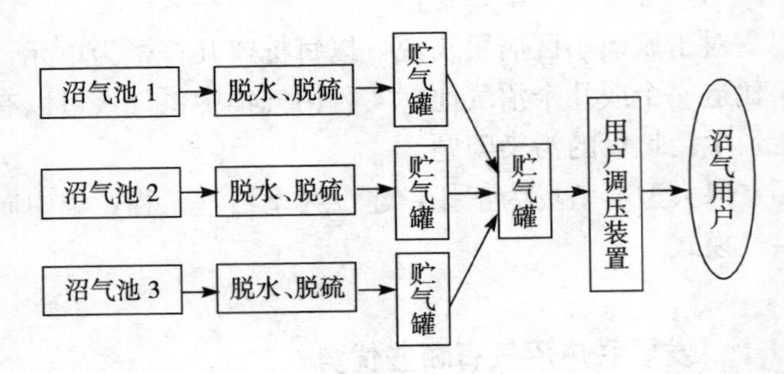


图 8-1 并联供气模式一

对于沼气池大小、发酵原料等因素基本相同的并联沼气池，可采用沼气集中净化、贮存的方式，如图 8-2 所示。

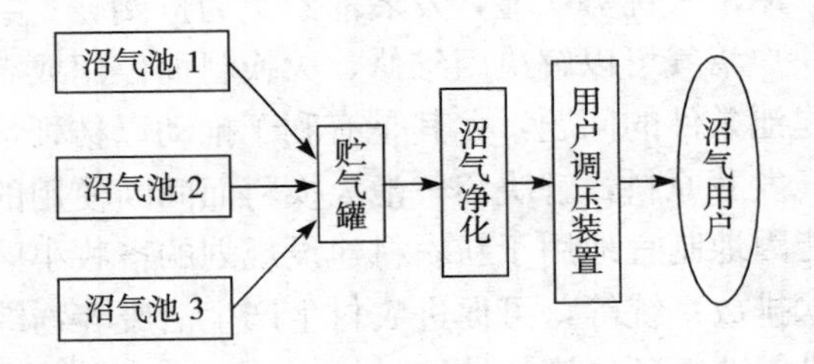


图 8-2 并联供气模式二

②串联供气模式（图 8-3）。该模式将各沼气池串联起来，

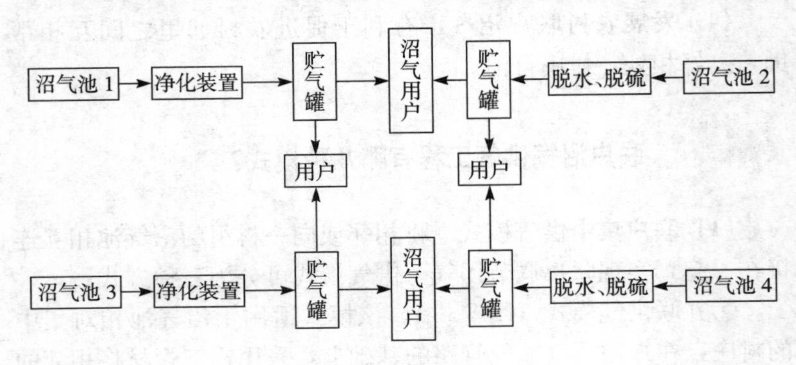


图 8-3 串联模式

在串联模式，沼气池不必集中建设，选址相对灵活。适合在平地较少的农村或房屋相对集中的村庄使用。

③串并联混合模式。将不同的沼气池通过串联或并联的方法连接起来，集中供气，适用于已经建造了不少户用沼气池的村庄。

**（2）中小型沼气工程集中供气模式**　相邻的几户农户或同一村组的农户共建一个或多个中、小型沼气池，配套建造贮气柜，实现集中供气。适用于畜牧小区、规模养殖户。

## 143. 如何保证联户沼气工程的安全、稳定运行？

**（1）加强协商**　养殖小区沼气工程由养殖小区、村委会或合作社为建设主体，联户沼气以养殖农户或用气农户为建设主体。项目建设主体和养殖农户、供气农户之间必须签订具有约束性的契约协议，明确责权利关系，协商确定各参与方的投入资金、用气费用和运行管理方式，建立长效约束机制。要确保农户自愿建设，项目由建设主体自愿申请，项目建设主体和用气农户名单、签订的建设协议、自愿申请表要在当地农村能源办公室备案。

**（2）确保质量**　在建设内容和方式上要讲求实效，不贪大求快。要科学研究确定适合本地区特点的养殖小区和联户沼气工程设计、运行和维护技术规程。联户沼气工程要委托专业的设计机构和建设队伍组织建设。

**（3）加强管护**　养殖小区和联户沼气工程要尽可能地建设在村级服务网点已经建立、后续运行服务较为有效的地区。发展乡村沼气物业管理服务站，结合新农村建设，完善乡村沼气物业管理，实行沼气池进料、出料、日常管理、沼渣集中收集生产有机肥等服务一体化，提高产气率和供气稳定率，降低运行成本。

**（4）优化建设模式**　将沼气工程与农村污水处理相结合，与公厕、化粪池相结合，住房旁建沼气净化池，栏舍边建小型沼气工程。

## 144. 什么是大中型沼气工程？

沼气工程是指以粪便、秸秆等废弃物为原料，以能源生产为目标，最终实现沼气、沼液、沼渣综合利用的生态环保系统工程。原料的预处理、沼气发酵、发酵剩余物的后处理以及沼气的输配、贮用装置等，共同构成沼气工程系统。由于各地畜禽场周边环境和自然条件等方面的差异，大中型沼气工程主要建设模式有两种：

**(1) 能源环保模式** 适用于一些周边既无一定规模的农田，又无闲暇空地可供建造鱼塘和水生植物塘的畜禽养殖场。在建设畜禽养殖场时，必须考虑其工程末端的出水要达到国家规定的相关环保标准要求。其特点是，畜禽养殖废水在经厌氧消化处理和沉淀后，必须再经过适当的好氧处理。典型的能源环保型生产工艺流程如图 8－4 所示。

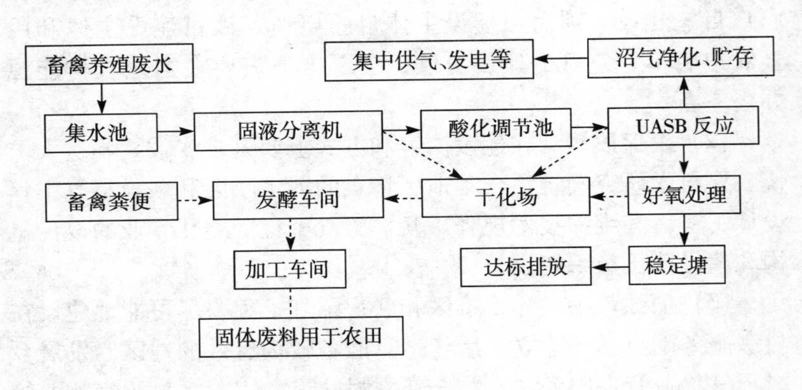


图 8－4 能源环保型生产工艺流程图

**(2) 能源生态模式** 适用于一些周边有适当规模的农田、鱼塘和水生植物塘的畜禽场，它是以生态农业的观点统一筹划、系统安排，使周边的农田、鱼塘或水生植物塘完全消纳经前期处理后的废水，在经过系统化的粪便处理和资源化利用后，形成一个生态农业园区。其特点是，畜禽养殖废水在经过厌氧消化处理和沉淀后，排灌到农田、鱼塘或水生植物塘，使粪便多层次地资源化利用，并最终达到园区内的粪污“零排放”。典型的能源生态型生产工艺流程如图 8-5 所示。

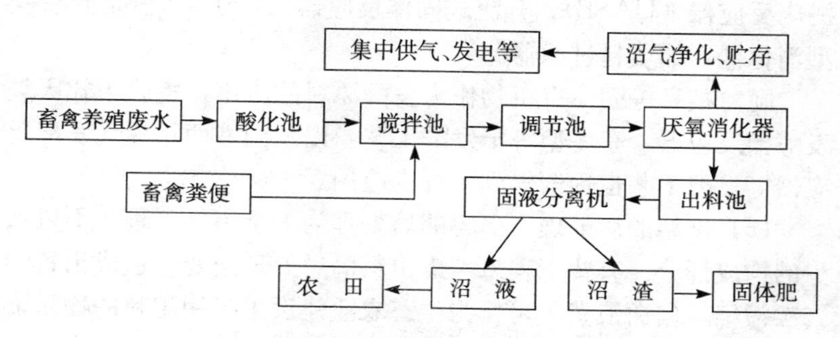


图 8-5　能源生态型生产工艺流程图

## 145. 大中型沼气集中供气系统有哪些组成部分？

一个完整的大中型沼气发酵工程，其工艺流程包括：原料的收集、预处理，厌氧消化，出料的后处理，沼气的净化、储存、输配和利用等。

**（1）原料的收集和预处理**　养殖场粪污预处理系统包括格栅、集水池、沉沙池、匀浆池、水解调节池。原料中常混有各种杂物，如牛粪中的杂草，鸡粪中的鸡毛和沙砾等。为了便于用泵输送及防止发酵过程中出现故障，也为了减少原料中的悬浮固体含量，有的在进入消化器前还要进行升温或降温等，因而要对原料进行预处理。养殖场废水处理系统前端应设置调节池，以避免水量冲击负荷对后续废水处理工艺的影响。

**（2）消化器**（沼气池）　消化器是沼气发酵的核心设备，微生物的生长繁殖、有机物的分解转化、沼气的生产都是在消化器里进行的，因此消化器的结构和运行情况是沼气工程的重点。

消化器的类型，根据消化器水力滞留期、固体滞留期和微生物滞留期相关性的不同，分为三大类：一类是常规型消化器，如水压式沼气池，酒厂隧道式沼气池使用的完全混合反应器（CSTR）。二是污泥滞留型消化器，使用较多的有升流式厌氧污泥床反应器（UASB）、升流式固体反应器（USR）。三是附着膜型消化器，如填料过滤器。

随着秸秆等固体有机物作为发酵原料的应用，覆膜干式厌氧发酵槽反应器，车库型等干发酵工艺，以及固液两相沼气发酵反应器等发酵工艺也逐渐得到了推广应用。

**（3）出料的后处理** 出料的后处理为大型沼气工程所不可缺少的构成部分。有些工程未考虑出料的后处理问题，造成出料的二次污染，白白浪费了可作为生态农业建设生产用肥料的物质资源。可靠的方法是将出料进行沉淀后再将沉淀物进行固液分离，固体残渣用作肥料或配合适量化肥做成适用于农作物的复合肥料；沼液可以作为沼液肥用于周围农田的灌溉。

**（4）沼气的净化、贮存** 沼气发酵时，沼气中会有一定量水蒸气和硫化氢气体。根据城市煤气标准，煤气中硫化氢含量不得超过20毫克/米$^3$，沼气中的硫化氢含量为1～12克/米$^3$。因此大中型沼气工程，特别是用来进行集中供气的工程必须设法脱除沼气中的水和硫化氢。脱水通常采用脱水装置进行。硫化氢的脱除通常采用脱硫塔，内装脱硫剂进行脱硫。因脱硫剂使用一定时间后需要再生或更换，所以脱硫塔最少要备有两个轮流使用。

**（5）沼气的输配** 沼气的输配是指将沼气输送分配至各用户，输送距离可达数千米。输送管道通常采用金属管，近年来采用高压聚乙烯塑料管作为输气干管已试验成功。用塑料管输气不仅避免了金属管的锈蚀，并且造价较低。气体输送所需的压力通常依靠沼气产生所提供的压力即可满足，远距离输送可采用增压措施。

## 146. 常规型厌氧消化器有哪些类型？

常规型厌氧消化器也称为第一代消化器，这类消化器的特征为水力滞留时间、固体滞留时间以及微生物滞留期相等，即将液体、固体和微生物混合在一起，在出料时同时被淘汰，消化器内没有足够的微生物，并且固体物质由于滞留时间较短而得不到充分消化，因而效率较低。常规型厌氧消化器包括各种各样的常规消化器、完全混合式消化器以及塞流式消化器等。

**（1）常规消化器**　常规消化器也称常规沼气池，是一种结构简单、应用广泛的厌氧发酵装置，图 8-6 为常规消化器示意图。该消化器内无搅拌装置，原料在反应器内呈自然沉淀状态，一般分为四层，从上到下依次为浮渣层、上清液层、活性层和沉渣层，其中厌氧消化活动旺盛的场所只限于活性层内，因而效率较低。一般多在常温下运行。

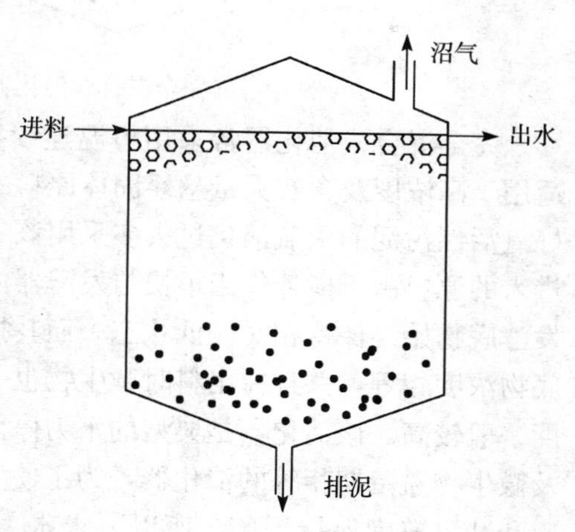


图 8-6　常规消化器示意图

**（2）完全混合式消化器**　完全混合式消化器也称高速消化器，是以前使用最多、适用范围最广的一种消化器。该消化器是在常规消化器内安装了搅拌装置，使发酵原料和微生物处于完全混合状态，使活性区遍布整个消化器，其效率比常规消化器有明显提高，故名高速消化器（图 8-7）。

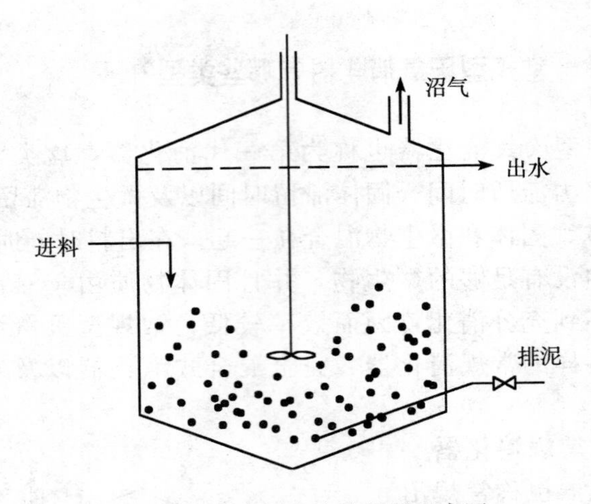


图 8-7　完全混合式消化器示意图

完全混合式消化器常采用恒温连续投料或半连续投料运行，适用于高浓度及含有大量悬浮固体原料的处理，例如污水处理厂好氧活性污泥的厌氧消化过去多采用该工艺。在该消化器内，新进入的原料由于搅拌作用很快与发酵器内的全部发酵液混合，使发酵底物始终保持相对较低状态。而其排出的料液又与发酵液的底物浓度相等，并且在出料时微生物也一起被排出，所以出料浓度一般较高。该消化器是典型的水力停留时间、固体滞留时间以及微生物滞留期相等的消化器，为了使生长缓慢的产甲烷菌的增殖和冲出速度保持平衡，所以要求水力停留时间较长，一般要10～15天或更长的时间。中温发酵时负荷为3～4千克COD/（米$^3$·天），高温发酵为5～6千克COD/（米$^3$·天）。

**（3）塞流式消化器**　塞流式亦称推流式消化器，是一种长方形的非完全混合式消化器，高浓度悬浮固体原料从一端进入，从另一端流出。由于消化器内沼气的产生，呈现垂直的搅拌作用，而横向搅拌作用甚微，原料在消化器的流动呈活塞式推移状态。在进料端呈现较强的水解酸化作用，甲烷的产生随着向出料方向的流动而增强。由于进料缺乏接种物，所以要进行固体回流。为了减少微生物的冲出，在消化器内应设置挡板，有利于运行的稳定。图8-8为塞流式消化器示意图。

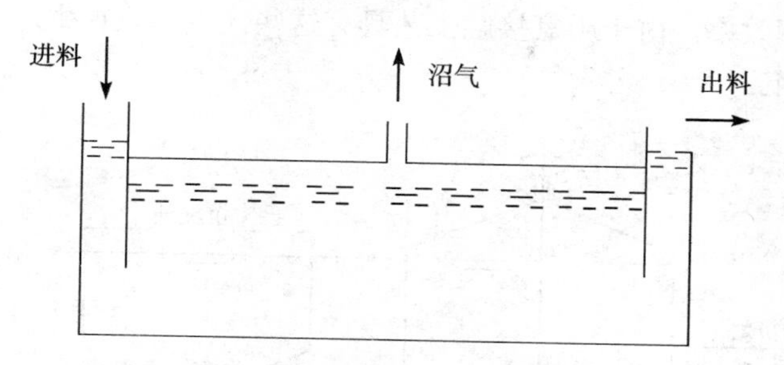


图8-8　塞流式消化器示意图

塞流式消化器在我国已有多种应用，最早用于酒精费醪的厌氧消化，并推广至全国各地。塞流式消化器用于牛粪厌氧消化效果较好，由于牛粪质轻、浓度高，长草多，本身含有较多产甲烷菌，不易酸化，所以，用塞流式消化器处理牛粪较为适宜。该消化器要求进料粗放，不用去长草，不用泵或管道输送，使用绞龙或斗车直接将牛粪投入池内。实践表明，该消化器不适用于鸡粪的发酵处理，因鸡粪沉渣多，易生成沉淀而大量形成死区，严重影响消化器效率。

## 147. 污泥滞留型厌氧消化器有哪些类型？

污泥滞留型厌氧消化器特征为通过采用各种固液分离方式使污泥滞留于消化器内，从而提高了消化器的效率，缩小了所需消化器的体积。该类消化器包括厌氧接触工艺、升流式厌氧污泥床、升流式固体反应器和折流式反应器。

**（1）厌氧接触工艺**　该工艺是在完全混合消化器之外加了一个沉淀池来收集污泥，并使其再回流入消化器内，其工艺流程如图8-9所示。从完全混合消化器排出的混合液，首先在沉淀池中进行固液分离，上清液由沉淀池上部排出，沉淀下的污泥再回流至消化器内，这样既减少了出水中的固体物含量，又提高了消化器内的污泥浓度，从而在一定程度上提高了设备的有机负荷率和处理效率。由于厌氧接触工艺具有这些优点，故在生产上被普遍采用。

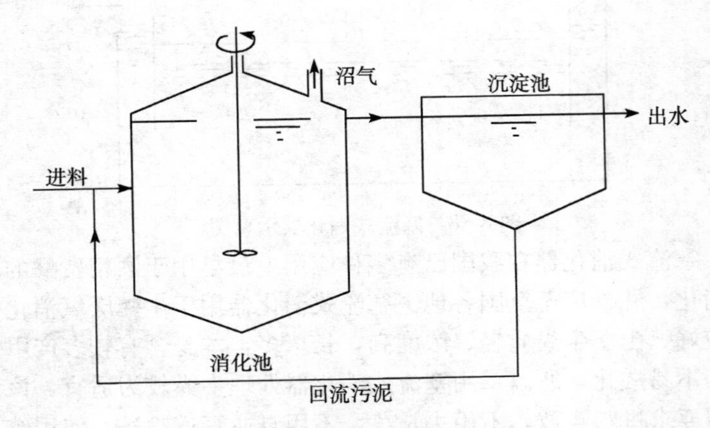


图 8-9　厌氧接触工艺示意图

实践表明，该工艺允许污水中含有较高的悬浮固体，耐冲击负荷，具有较大缓冲能力，操作过程比较简单，工艺运行比较稳定。该工艺的优点与完全混合消化器相同，并可在较高的负荷下运行。其缺点是需要额外的设备来使固体和微生物沉淀与回流。

**(2) 升流式厌氧污泥床**　升流式厌氧污泥床（UASB）是由 Lettinga 等于 1974—1978 年研制成功的一项新工艺，是目前世界上发展最快的消化器，由于该消化器结构简单，运行费用低，处理效率高而得到广泛应用。该消化器适用于处理可溶性废水，要求较低的悬浮固体含量。UASB 由污泥反应区、气液固三相分离器（包括沉淀区）和气室三部分组成，其结构如图 8-10 所示。

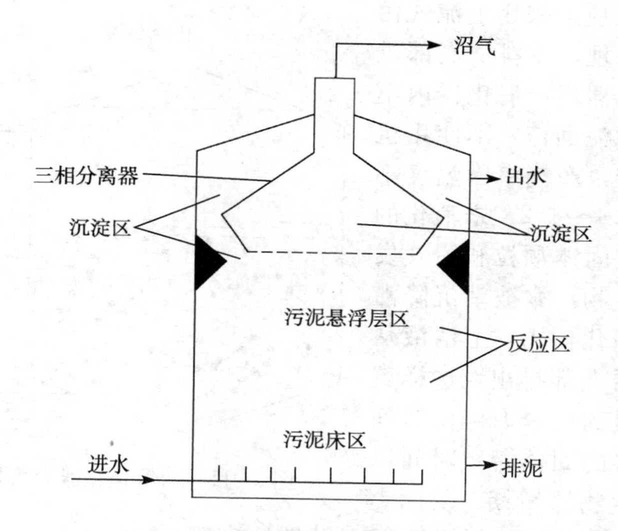


图 8-10　UASB 消化器结构示意图

在底部反应区内存留大量厌氧污泥，具有良好的沉淀性能和凝聚性能的污泥在下部形成污泥层。要处理的污水从厌氧污泥床底部流入与污泥层中污泥进行混合接触，污泥中的微生物分解污水中的有机物，把它们转化为沼气。沼气以微小气泡形式不断放出，微小气泡在上升过程中，不断合并，逐渐形成较大的气泡，在污泥床上部由于沼气的搅动，污泥浓度较稀薄，污泥和水一起上升进入三相分离器，沼气碰到分离器下部的反射板时，折向反射板的四周，然后穿过水层进入气室，集中在气室的沼气，用导管导出，固液混合液经过反射进入三相分离器的沉淀区，污水中的污泥发生絮凝，颗粒逐渐增大，并在重力作用下沉降。沉淀至斜壁上的污泥沿着斜壁滑回厌氧反应区内，使反应区内积累大量的污泥，与污泥分离后的处理出水从沉淀区溢流堰上部溢出，然后排出污泥床。

**（3）升流式固体反应器**　升流式固体反应器（USR）是一种结构简单，适用于高悬浮固体原料的消化器（图 8-11）。

USR反应器采用上流式污泥床原理，原料从底部进入消化器内，消化器内不需要污泥回流，不使用机械搅拌，产气率因温度不同为0.4～1.2。未消化的生物质固体颗粒和沼气发酵微生物，靠被动沉降滞留于消化器内，上清液从消化器上部排出，这样就可以得到比水力停留时间高得多的固体滞留时间以及微生物滞留期，从而提高了固体有机物的分解率和消化器的效率。

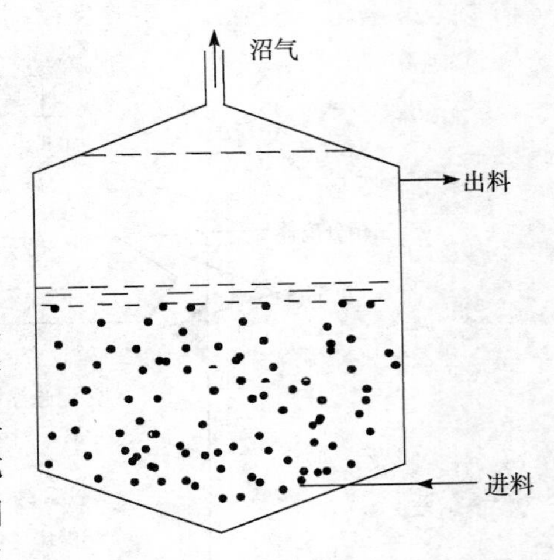


图8-11　USR消化器示意图

采用USR发酵工艺处理畜禽粪便原料，产生的沼渣沼液中COD浓度含量很高，不适宜好氧处理达标排放，一般用于农田施肥进行生态化处理，是典型的能源生态型沼气工程工艺。

**（4）折流式反应器**　折流式反应器如图8-12所示。在这种消化器里，由于挡板的阻隔使污水上下折流穿过污泥层，这样每一个单元都相当于一个反应器。折流式反应器在我国近年来的使用效果一直欠佳。究其原因，一是折流式反应器将一个消化器分成若干小室，进料负荷全部集中于第一个小室中，这就造成第一

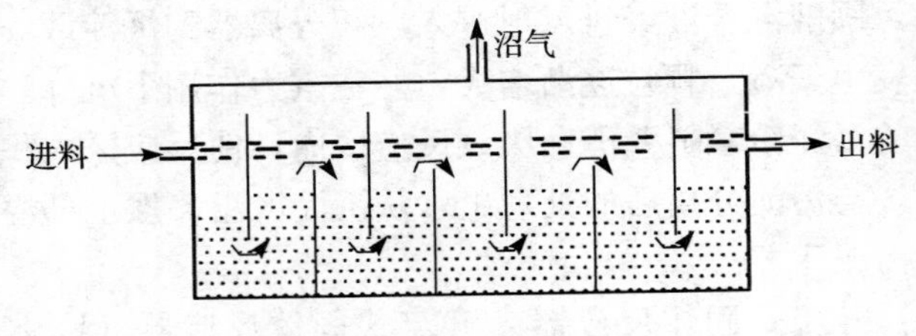


图8-12　折流式反应器示意图

个小室严重超负荷运行，引起发酵液酸化，使产甲烷菌的活动受到抑制，导致发酵失败。二是在折流式反应器内，料液呈塞流式流动，酸化了的第一室料液会逐渐把后面各室中的污泥推出并使之酸化。有人为了克服酸化现象采用回流污泥方式将产甲烷菌送入第一室内。因第一室在不断进料，所以，回流量小时，起不到防止酸化的作用，回流量大时，则出现完全混合，这时才能防止酸化，那样就不如采用完全混合式更为方便。

以上几种污泥滞留型消化器中，活性污泥以悬浮状态存在，人们采用各种方法使污泥滞留于消化器内，从而取得了较长的固体滞留时间以及微生物滞留期，因而效率明显比常规型消化器要高，但是在受到冲击负荷或有毒物质时，常会因挥发酸上升而引起污泥流失。因而要定时对发酵情况进行监测，以保持消化器的正常运行。

## 148. 什么是附着膜型厌氧消化器？

附着膜型厌氧消化器的突出特点是将微生物固定于安放在消化器内的惰性介质上，在允许原料中的液体和固体穿流而过的情况下，固定微生物于消化器内。应用或研究较多的附着膜型反应器有厌氧滤器（AF）、流化床（FBR）和膨胀床（EBR）。

**（1）厌氧滤器**（AF）　厌氧滤器（图 8－13）内部装有惰性介质（又称填料），过去多采用石块、焦炭、煤渣或蜂窝状塑料制品，现在多采用合成纤维填料。沼气

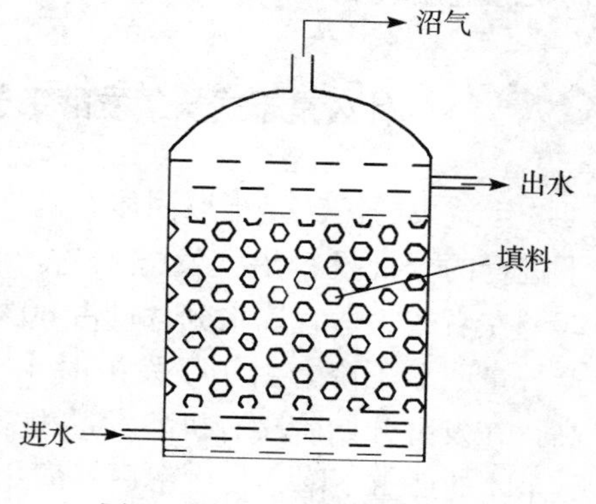


图 8－13　厌氧滤器示意图

发酵细菌，尤其是产甲烷菌具有在固体表面附着的习性，它们呈膜状附着于惰性介质上，并在介质之间的空隙里互相黏附成颗粒状或絮状存留下来，当污水自下而上或自上而下流动通过生物膜时，有机物被细菌利用而生成沼气。

**（2）流化床和膨胀床** 流化床和膨胀床都属于附着生长型生物膜反应器，在反应器的内部填有像沙粒一样大小（0.2～0.5毫米）的惰性（如细沙）或活性（如活性炭）颗粒供微生物附着，如焦炭粉、硅藻土、粉煤灰或合成材料等，当有机污水自下而上穿流过细小的颗粒层时，污水及所产气体的气流使介质颗粒呈膨胀或流动状态。每一个介质颗粒表面都被生物膜所覆盖，其表面积可达300米$^2$/米$^3$，能支持更多的微生物附着，造成比水力停留时间更长的微生物滞留期，因而使消化器具有更高的效率。

这两种反应器可以用在相当短的水力停留时间的情况下，允许进料中的液体和少量固体物穿流而过。适用于容易消化的低固体物含量的有机污水的处理。这两种系统的优点是可以为微生物附着提供更大表面积，一些颗粒状固体物可以穿过支持介质；缺点是为了使介质颗粒膨胀或流态化需要0.5～10倍的料液再循环，这就提高了运行过程的能耗。因此，该两种工艺研究较多，而实际应用较少。

## 149. 什么是干式厌氧发酵工艺？

干式发酵工艺是指以固体有机物为原料，在无流动水的条件下进行的分批投料沼气发酵工艺。干发酵原料的干物质含量在20%左右较为适宜，水分含量占80%，若干物质含量超过30%，产气量明显下降。由于干发酵时水分太少，同时底物浓度又很高，在发酵开始阶段有机酸大量积累，又得不到稀释，因而常导致pH的严重下降，使发酵原料酸化，沼气发酵失败。为了防止酸化现象的产生，常用的方法有加大接种物用量，使酸化与甲烷化速度能尽快达到平衡。一般接种物用量为原料量的1/3～1/2，将原料进行堆沤，使易于分解产酸的有机物在好氧条件下分解掉一大部分，同时降低了C/N值，也可以在原料中加入1%～2%的石灰水，以中和所产生的有机酸。堆沤会造成原料的浪费，所以在生产上应首先采用加大接种量的办法。

## 150. 什么是两相厌氧发酵工艺？

两相厌氧发酵工艺，又称为两阶段厌氧消化，其本质是实现生物相的分离，将沼气的水解酸化阶段和产甲烷阶段加以分离。通过调控产酸相和产甲烷相反应器的运行控制参数，使产酸相和产甲烷相成为两个独立的处理单元，各自形成产酸发酵微生物和产甲烷发酵微生物的最佳生态条件，实现完整的厌氧发酵过程，从而大幅度提高沼气产气率及其运行稳定性。该工艺流程如图8-14所示。

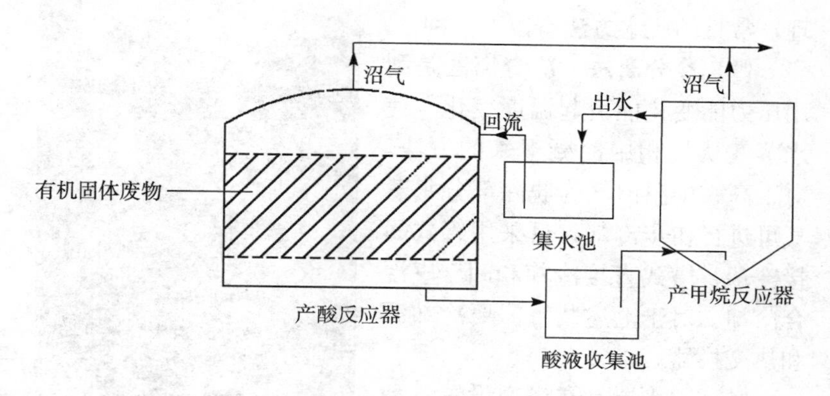


图8-14　两相厌氧发酵工艺流程图

在两相厌氧发酵工艺流程中，产酸反应器内装入高浓度的发酵原料，在产酸发酵微生物的作用下，产生浓度较大的挥发性酸溶液，酸液进入甲烷化反应器产生沼气。在产酸阶段，水解酸化菌繁殖较快，故滞留时间比较短，而产甲烷菌繁殖速度慢，产甲烷阶段的滞留时间较长，所以产酸反应器容积较小，产甲烷反应器的容积较大。两相厌氧发酵工艺解决了固体原料干发酵易酸化及常规发酵进出料难的问题，适用于处理多种固体有机废物和垃圾等，其最终产物为沼气和固体有机肥，实现了渣和液的分离，并且没有多余的污水产生。

## 151. 大中型沼气工程常用的沼气脱水方法有哪些?

沼气从厌氧发酵装置产出时含有大量水分，特别是高温发酵与中温发酵含水量更大，在管路输配过程中由于温度、压力变化，露点降低，沼气中水分析出，造成输配系统内两相流动，使系统的阻力增大，甚至使管道堵塞，水与沼气中的硫化氢共同作用，还会加速管道及阀门、流量计的腐蚀，因此沼气必须进行脱水处理，常见的脱水方法有以下三种。

**(1) 冷分离法** 冷分离法是利用压力能变化能引起温度变化，使水蒸气从气相中冷凝下来的方法。对于高、中温沼气为脱除部分水蒸气可进行初步冷却，可采用管式间接冷却、塔式直接冷却和间一直混合冷却。对于上述装置需要冷却源和热交换器。

塔式脱水器是在塔内设置各种形式的塔盘、填料等，把气、液两相分散成许多细小的气泡、液滴或液膜，以扩大相接触面积。某种塔式脱水器如图 8-15 所示。

图 8-15 塔式脱水器

按气、液接触基本构件的特点分类，脱水器分为填料塔和板式塔。填料塔属于气、液连续接触式塔器，它是在塔内装有一定数量的填料，液体沿填料表面向下流，形成一层薄膜；气体沿填料上升，在填料表面的液层与气体的界面上进行传质。板式塔属于气、液阶段接触式塔器，它是在塔内按照一定距离设置许多塔盘，气体以鼓泡或喷射的方式穿过塔盘上的液层，进行传质和传热。

为了避免沼气在管道输送过程中所析出的凝结水对金属管路的腐蚀或堵塞阀门，常采用在管路的最低处安装凝水器的方法，将沼气中冷凝下来的水蒸气聚积起来定期排除，以使其后的沼气内所含水分减少。管路上的冷凝脱水器如图 8-16 所示。

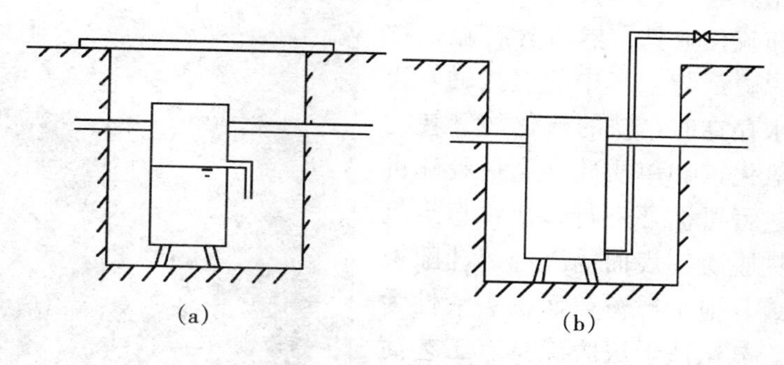


图 8-16　冷凝脱水器
(a) 自动排水装置　(b) 手动排水装置

**(2) 溶剂吸收法**　溶剂吸收法是利用氯化钙、氯化锂及甘醇类等脱水溶剂实现对水的吸收。

**(3) 固体物理吸水法**　固体物理吸水法是通过固体表面力作用实现水分的脱除，吸附是在固体表面力作用下产生的，根据表面力的性质分为化学吸附（脱水后不能再生）和物理吸附（脱水后可以再生）。能用于沼气脱水的干燥剂有硅胶、活性氧化铝、分子筛以及复式固定干燥剂，后者综合了多种干燥剂的优点。

## 152. 大中型沼气工程常用沼气脱硫方法有哪些?

沼气脱硫技术通常包括干法脱硫、湿法脱硫、生物脱硫三类，脱硫效率通常均可达到99%以上。

**(1) 干法脱硫** 干法脱硫是指沼气通过活性炭、氧化铁等构成的填料层，使硫化氢氧化成单质硫或硫氧化物的一种方法。

氧化铁沼气脱硫是在常温下沼气通过脱硫剂床层，沼气中的硫化氢与氧化铁接触，生成硫化铁和硫化亚铁，然后含有硫化物的脱硫剂与空气中的氧接触，当有水存在时，铁的硫化物又转化为氧化铁和单质硫。这种脱硫再生过程可循环进行多次，直至氧化铁脱硫剂表面的大部分孔隙被硫或其他杂质覆盖而失去活性为止。氧化铁干法脱硫具有工艺简单、成熟可靠、造价低等特点，并能达到较高的净化效果。氧化铁沼气脱硫装置宜设置两套，一用一备，如图 8-17 所示。

图 8-17 氧化铁沼气脱硫装置

脱硫塔一般是由塔体、封头、进出气管、检查孔、排污孔、支架及内部木格栅（箅子）等组成。根据处理沼气量的不同，在塔内可分为单层床或双层床。一般床层高度为 1 米左右时，采用单层床；若高度大于 1.5 米，则采用双层床。温度对脱硫剂的脱硫效果有一定的影响，在北方寒冷地区脱硫装置应设置在室内，在南方地区可设置在室外；一般当沼气温度低于10℃时，脱硫塔应有保温和增温措施，当沼气温度高于35℃时，应对沼气进行降温。

沼气在脱硫塔内流动的方向可分为两种。一种是沼气自下而上流动，为了防止冷凝水沉积在塔顶部而使脱硫剂受湿，通常可在顶部脱硫剂上铺一定厚度的碎硅酸铝纤维或其他多孔性填料，将冷凝水阻隔。另一种是气流自上而下流动，塔内产生的冷凝水都聚积在塔底部，可通过排污阀定期排除。脱硫塔底部应设置排污阀门和沼气安全泄压等装置。

氧化铁脱硫剂的更换时间应根据脱硫剂的活性和装填量、沼气中硫化氢含量和沼气处理量来确定。一旦脱硫剂失去活性，则需要将脱硫剂从塔内卸出，摊晒在空地上，用碱液或氨水将pH调整至8～9，利用空气中的氧，进行自然再生。大型沼气干法脱硫装置，应设置机械设备装卸脱硫剂。

**（2）湿法脱硫**　在大型的脱硫工程中，一般采用先用湿法进行粗脱硫，之后再通过干法进行精脱硫。沼气湿法脱硫可以归纳分为物理吸收法、化学吸收法和氧化法三种。物理和化学方法存在硫化氢再处理问题，氧化法是以碱性溶液为吸收剂，并加入载氧体为催化剂，吸收硫化氢，并将其氧化成单质硫。湿法氧化法是把脱硫剂溶解在水中，液体进入设备，与沼气混合，沼气中的硫化氢与液体产生氧化反应，生成单质硫。

**（3）生物脱硫**　沼气生物脱硫工艺是一种高效的沼气脱硫工艺，是在生物的作用下，将硫化氢氧化成单质硫的一种方法。生物脱硫方法主要是利用无色硫细菌，如氧化硫硫杆细菌、氧化亚铁硫杆细菌等，在微氧条件下将硫化氢氧化成单质硫，单质硫经过沉淀分离从而达到去除硫的目的。这种脱硫方法已经在德国沼气脱硫中广泛使用，在国内某些工程中已有采用。其优点是：不需要催化剂、不需要处理化学污泥，产生很少的生物污泥、能耗低、可回收单质硫、去除效率高。生物脱硫装置构造如图 8 - 18 所示。

虽然生物脱硫具有能耗少、去除率高的特点，但必须给硫细菌创造一个适宜的环境，才能保证其具有较高的生物活性，以达到最佳的脱硫效果，这种脱硫技术关键是如何根据硫化氢的浓度来控制反应中供给的溶解氧浓度。

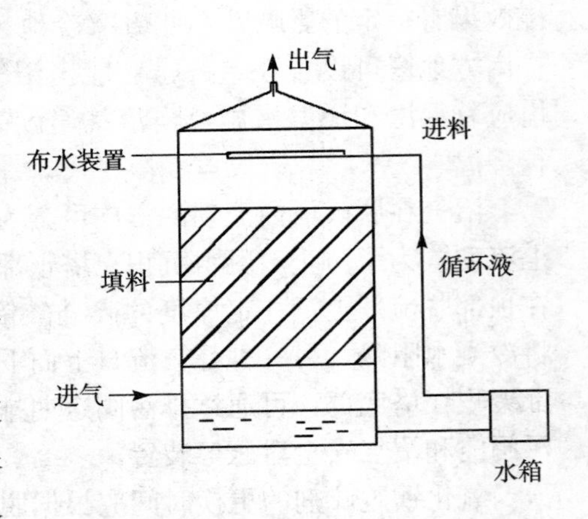


图 8 - 18　生物脱硫装置构造示意图

## 153. 大中型沼气工程常用沼气阻火装置有哪些?

阻火器又名防火器，其作用是防止易燃气体、液体的火焰窜入存有易燃易爆气体的设备、管道内或阻止火焰在设备、管道间蔓延而引起爆炸。阻火器通常装在输送或排放易燃易爆气体的贮罐和管线上。

**(1) 阻火器的原理**　大多数阻火器是由能够通过气体的许多细小通道或孔隙的固体材质制成，对这些通道或孔隙要求尽量小，小到能使火焰被熄灭。火焰能够被熄灭的机理是传热作用和器壁效应。

**(2) 阻火器的分类**　阻火器因结构形式不同分为：

①金属网型阻火器。以不同目数的金属丝网重叠起来组成阻火层。这种阻火器由于本身结构达不到阻火要求，已被取代。

②波纹型阻火器。这种阻火器由不同的波纹板和平板缠绕成不同规格孔隙的阻火层，阻火层上由相同尺寸的三角形孔隙组成，波纹的高度根据阻止火焰速度设计，因此制造较为简单，能

阻止爆燃和爆轰火焰通过，被广泛应用。

③泡沫金属型阻火器。阻火器的阻火层采用多孔隙的泡沫金属，其结构与多孔隙的泡沫塑料相似。其金属中铬的含量不少于15%，不大于40%，容重不小于0.5克/厘米$^3$。其优点体积小、重量轻，但阻力大，易堵塞。

④平行板型阻火器。阻火器的阻火层由不锈钢薄板垂直平行排列而成，板间隙为13～17毫米，形成许多细小的通道。这种结构能承受较猛烈的爆炸。它易于制造和清理，但体积大，流阻大。

⑤多孔板型阻火器。阻火器的阻火层用不锈钢薄板水平方向重叠而成，板上有许多细小的缝隙或许多细小的孔眼，形成许多有规律的通道。板与板之间有16毫米的间隙，形成固定的间距，这种阻火器的阻力小，但不能承受猛烈的爆炸。

⑥充填型阻火器。其阻火层为充填砾石、陶瓷环和玻璃珠等充填物，利用充填物之间的空隙阻止火焰通过。充填型阻火器结构简单，但流阻大，能有效阻止爆轰火焰通过。

⑦水封型阻火器。水封用于阻止、节制气流。

## 154. 水封阻火器的使用维护有哪些注意事项?

水封阻火器（图8-19）是安装在抽放管正压端的一种安全保障装置，当管路发生意外爆炸事故时，防止爆炸产生的冲击对系统造成破坏，并阻断爆炸产生的火焰沿抽放管路传导，防止事故进一步扩大。水封阻火器结构简单，其结构如图8-20所示。

水封阻火器使用维护应注意以下事项。

（1）启用水封阻火器时，应随时注意观测防爆筒内水位，防爆筒内的水面必须高于进气管下口部50毫米以上。

（2）冬季使用水封阻火器时，应该设有防冻保温设备，一般安装在与泵房隔开的抽放管路走廊内或专用房间内。在工作完毕后应把水排出，洗净，以免冻结。如发现冻结现象，只能用热水或蒸汽加热解冻，严禁用明火烘烤。

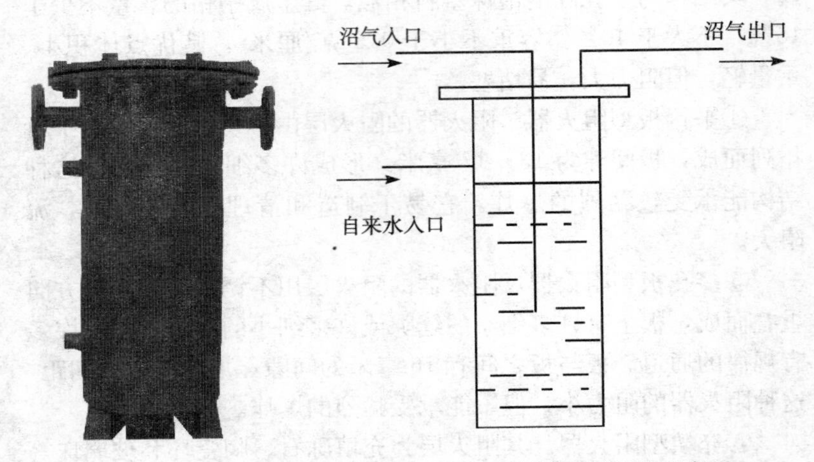


图 8-19 水封阻火器　　图 8-20 水封阻火器结构示意图

（3）定期检查防爆装置是否有效。

（4）定期清除防爆筒内的沉淀物，保持筒内水质洁净。

（5）定期检查防爆筒及进气管是否有破裂或腐蚀穿孔现象，防止水封失效。

## 155. 大中型沼气工程贮气方式有哪些？

在大中型沼气集中供气系统中，由于沼气用户的用气量随时变化，而生产设备和输送设备不可能按用户的用气量而变化。在用气高峰期会供不应求，在用气低峰期会供过于求。因此，必须进行合理、有效地平衡，以解决沼气生产的均匀性和用气不均匀性之间的矛盾。通常在沼气工程中设置单独的贮气装置——贮气柜，来解决产气和用气之间的矛盾。

沼气贮气柜分为低压贮气柜和高压贮气柜，低压贮气柜又分为低压湿式贮气柜和低压干式贮气柜。低压贮气柜运行可靠，管理方便，并具有输送沼气所需压力的能力；高压贮气柜对材质、密封要求较高，投资成本大。目前，我国建造和使用低压贮气柜的技术已经成熟，现有大中型沼气工程中通常采用低压贮气柜。

在选用贮气方式时，应根据建造地点的气候条件、用气方式、供气距离以及投资和运行成本等因素综合考虑，选择适当的贮气方式。在北方地区建造湿式贮气柜，由于气温较低易结冰，应当采取适当的保温措施。

## 156. 什么是低压湿式贮气柜？

低压湿式贮气柜是最简单常见的一种贮气柜，通常用于煤气贮存。从结构特点来看，低压湿式柜属于可变容积金属柜，它主要由水槽、钟罩、塔节以及升降导向装置所组成。由于目前沼气的供应规模还不大，贮气容量不多，当贮气容量小于 3 000 米$^3$时，可采用单节贮气柜，如图 8-21 所示。

图 8-21　单节低压湿式贮气柜

低压湿式贮气柜工作原理：当沼气输入贮气柜内贮存时，放在水槽内的钟罩和塔节依次（按直径由小到大）升起；当贮气柜内的沼气导出时，塔节和钟罩又依次（按直径由大到小）降落到水槽中，钟罩和塔节、内侧塔节和外侧塔节之间利用水封将柜内沼气与大气隔绝。因此，随着塔节升降，沼气的贮存容积和压力是变化的，图 8-22 为单节低压湿式气柜的工作原理图。

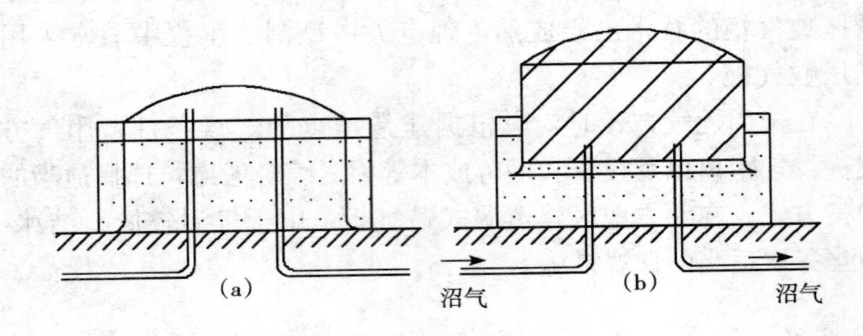


图 8-22 单节式低压湿式气柜工作原理图
(a) 空柜 (b) 工作状态

目前建造和使用低压湿式贮气柜的技术比较成熟，结构简单、贮气压力稳定、运行安全可靠，管理方便，并具有输送沼气所需的压力，低压湿式贮气柜在运行管理中应当注意以下几个方面。

①贮气柜钟罩的升降位置。贮气柜在计算最高贮存量时，应考虑到由于气温上升而引起的气体膨胀问题；而在最低贮气量时，避免使钟罩贴至水槽底部，以防止气温降低，造成柜内负压使罩顶塌陷。因而需对其升降位置留有安全余地，在设计制造时应考虑最高、最低限位。

②防止水封冻结。为防止贮气柜壁上结冰以及水槽和水封中的水冻结，冬季水温应保持在 5℃，北方地区应当采取适当的保温增温措施，可以通入锅炉蒸汽或使水循环防冻。

③防止漏气。应当定期检查水槽和水封中的水位高度，防止沼气因水封高度不足而泄漏。

④防止火灾。贮气柜外应建围墙，站内严禁火种。贮气柜上应安装避雷针，其接地电阻应小于 10 欧姆。

⑤当水槽放水时，须先开放空阀，以免造成柜内负压，柜体

塌陷。另外，在有台风侵袭的地区建造贮气柜，尽量采用半地下，以降低柜的高度。

⑥贮气柜的施工应由经过技术培训的施工人员进行。贮气柜投入运行后，应由专门人员按照运行操作规程进行管理。

## 157. 什么是沼气膜贮气装置？

沼气膜贮气装置是一种低压干式贮气装置，与传统低压湿式贮气柜比较，柔性织物贮气柜重量轻；不需每年进行一次防腐、防冻处理，节约维护费用；同样贮存空间，占地面积相对较少；还可选择燃气泄漏报警等功能，使用更安全；便于搬迁。

沼气膜贮气装置根据贮气装置的结构，可分为单层膜结构和双层膜结构；根据贮气方式，可分为分体式膜贮气装置和产气、贮气一体式膜贮气装置。传统的沼气贮存装置通常为分体式沼气贮存装置，具有独立的沼气膜贮气柜，膜贮气柜有 3/4 球形和卧式圆筒形等形式（图 8－23）。产气、贮气一体式装置常用形式为圆锥形或球冠形（图 8－24）。

(a)

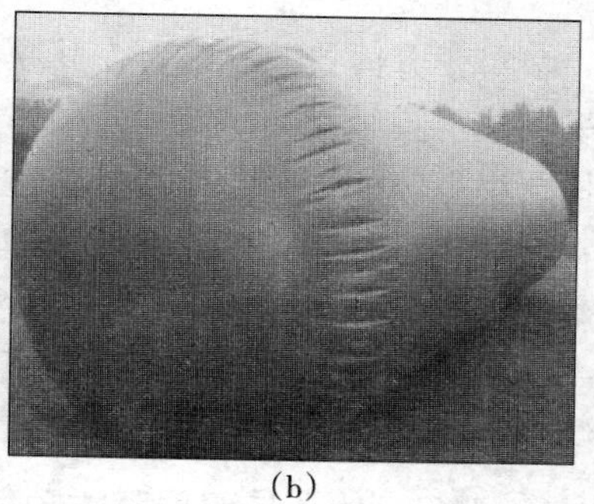
(b)

图 8－23　分体式膜贮气装置

(a) 独立双膜贮气柜　(b) 卧式圆筒形膜贮气柜

(a)

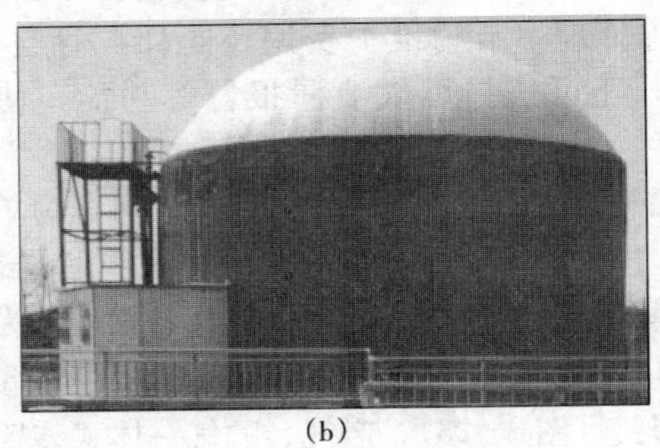

(b)

图 8-24　产气、贮气一体式膜贮气装置

(a) 圆锥形产气、贮气一体式装置　(b) 球冠形产气、贮气一体式装置

对于分体式贮气装置，其膜柜既有采用单层膜结构的，也有采用双层膜结构的；而对于一体式贮气装置，通常采用双层膜结构。根据膜的不同使用功能，贮气膜可分为内膜和外膜。外膜材料和内膜材料具有不同的性能和特点。对于双层膜结构的外膜材料，应具有较好的力学性能、抗紫外性和抗老化性等性能，而对于内膜应具有较好的气密性及耐腐蚀性等性能。

## 158. 什么是双层膜式贮气柜?

双层膜式贮气柜是近年发展较快的一种沼气贮气装置，贮气柜主体膜材料是采用高强度聚酯织物制成，一般由外膜和内膜两层气膜组成，内层膜用于贮存沼气，外层膜构成贮气柜的外形，在相关设备的控制下始终处于一定的压力支撑，使外膜保持球体形状并把沼气输送出去，并可以预防雨、雪等自然天气的损害。

**（1）双层膜式贮气柜的特点**

①与传统贮气柜相比，双层膜式贮气柜具有安装、运输方便，制造成本低，使用寿命长等诸多优点。

②免维护时间长。由于膜式贮气柜膜体是用极耐腐蚀的特质材料制成，寿命在沼气环境下可达 15 年以上，而其材料的拼接采用热熔式材料等强度焊接，所以在使用膜式沼气贮气柜时，其膜体是无需定期维护的。

③膜式贮气柜重量轻，这对其制作、运输、安装和建造基础等环节，均可节省时间和降低投资。

④由于膜式贮气柜内部没有水，在寒冷地区就不担心结冰的问题。

⑤贮气柜是由两层膜体组成，中间是空气层，而空气是保温的极好介质，所以其保温效果好。

**（2）独立双膜贮气装置** 沼气独立双膜贮气柜外形为 3/4 球体，由钢轨固定于水泥基座上。柜体主要由外膜、内膜、底膜、恒压控制柜、安全保护等控制设备与辅助设备组成。独立双膜贮气装置结构如图 8-25 所示。

底膜主要用于基础密封，以实现传统基础设施无法达到的防腐、防渗透要求。内膜与底膜之间形成一个容量可变的气密空间用作贮存沼气。外膜为一个比内膜稍大，边界与内膜及底膜的边界连接，外膜与内膜之间保持气密，并形成一个空腔，外膜与内膜之间通过鼓风机提供恒定的存贮压力，使外层膜保持球体形状并对外输送沼气。基础一般采用钢筋混凝土，力学性能要达到设计指标，基础下面按照设计预埋管道和连接法兰。

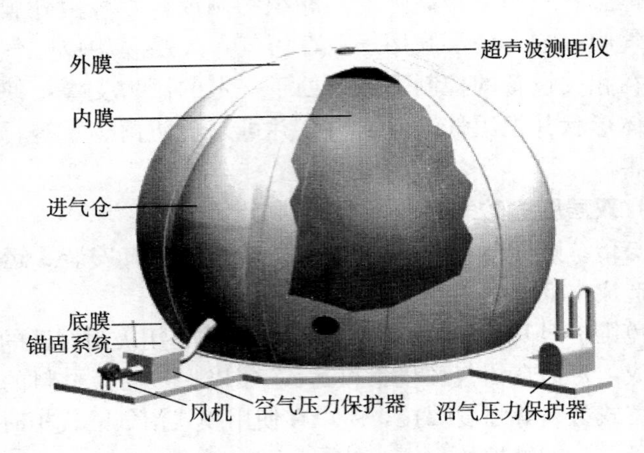


图 8-25　独立双膜贮气系统结构图

①沼气压力控制运行原理。利用鼓风机恒压控制系统控制贮气膜内压力。当内膜沼气量减少时，外膜通过鼓风机进气，在压力的作用下内膜向下运动挤压沼气，使沼气压力增大，保持内膜沼气的设计压力，到达设定压力时停止注入空气；当沼气量增加时，内膜正常伸张，通过安全阀将外膜多余空气排出，使沼气压力始终恒定在一个需要的设计压力。

②储气柜的保温原理。膜气贮柜是由两层膜体组成，中间是空气层，而空气是保温极好介质，保温效果较好。

③膜材料的要求。双膜气柜材料的质量决定整个气柜的质量与寿命，需要使用专用的复合材料才能保证使用寿命。一般采用柔软性好、抗拉力强、复合紧密、气密性好且防腐的材料。

目前，用于沼气贮气的膜材料主要由高分子复合材料构成，具有特殊的 PVC 涂层，由合成的纤维织物经过聚合物涂层和特殊整理而成。膜材料一般由基层、涂层和面层组成，因而又称为涂层织物，沼气专用膜材料结构如图 8-26 所示。基层由高强度纤维编织而成，它是膜材料的主要组成部分，决定了膜材料的结构力学特性，贮气膜材料涂层和面层用于保护基层，以保证基层的密实性，同时使膜材料具有自洁、抗污染、抗紫外线和耐久性等功能。

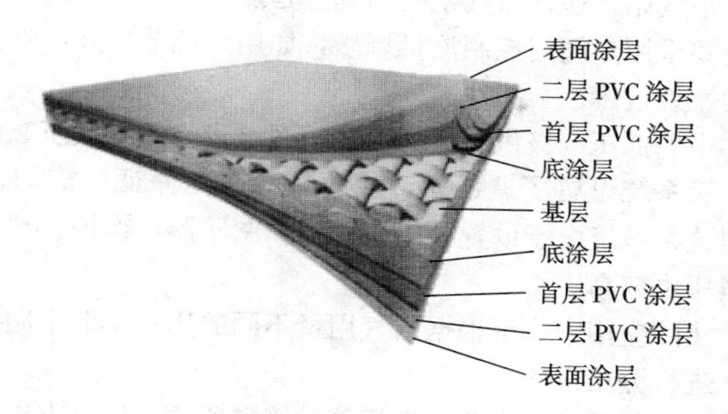


图 8-26　膜材料结构示意图

**（3）产气、贮气一体化沼气膜贮气系统**　产气、贮气一体化装置将厌氧罐与沼气贮气柜合二为一，与传统的产气、贮气分体式模式相比，减少了厌氧罐顶盖及贮气柜。一体化装置下方为厌氧罐部分，罐体可采用钢结构或钢筋混凝土结构，上方为沼气贮气柜部分，采用双膜式贮气柜，贮气柜通过调整内外膜之间夹层的空气压力，以外膜保护并维持贮气柜的形态和结构，并将内膜内的沼气送入输气管道。产气、贮气一体化装置比传统分体式节省投资 20%左右，占地节省 30%，工期缩短一半左右。

## 159. 沼气集中供气系统有哪些组成部分？

沼气集中供气的输配管路系统主要由中、低压沼气管网、沼气供气站、调压计量站、沼气分配控制室及贮气室等组成。

**（1）集中供气方式**

①低压供气。低压供气由低压贮气柜和低压供气站组成。低压供气管路系统比较简单，容易维护，不需要压送费用，供气可靠性较大，但供气压力低，故只适用于供应范围较小的情况。

②中压供气。将贮气柜的沼气加压后送入中压管路，在用户处设置调节器，减压后供给灶具使用。中压供气适用于供气规模较大的沼气站，这种供气系统的优点是能节约输气管路费用，而缺点是要求用户阀门控制流量调压，如用户调节不好，就会降低灶具的燃烧效率。

③中、低压两级供气。中、低压两级供气综合低压和中压的优点，该系统设置了调压站，能比较稳定地保证所需的供气压力。但这种系统由于设置了压送设备和调压器，维护管理比较复杂，费用也较高。

在实际应用中，可根据沼气用量不同的用户采取不同的供气方式，进行分压供气。

**(2) 输气管道** 当前输送沼气的管道所用的管材有钢管、铸铁管、塑料管。对输气管总的要求是具有足够的机械强度、优良的抗腐蚀性、抗震性和气密性。

①管道系统的布线及施工安装应严格按施工图纸进行。

②施工安装前，对所有管道及附件要进行检查，并进行气密性试验。

③管道布置要求尽可能近、直，减少压力损失。

④施工时，所有管道的接头要连接牢固和严密，防止松动和透气。

⑤输气管道架空，高度应距地面4米以上，若沿墙架高可适当降低高度；地下埋管，南方的深度应在0.5米以下，北方应在冻土层以下。

## 160. 如何维护和保养沼气工程设备?

沼气工程设备的定期维护保养是发挥沼气工程效益的重要环节。有些沼气工程建成后，由于维护管理不当，造成沼气工程不能有效运行，因此应当加强设备的维护和保养。

**(1) 格栅** 应定期检修、保养格栅，对于破损的要及时更换。机械格栅机运转结束后应及时清洗格栅机。

**(2) 泵房**

①在每次停泵后，应检查填料或油封处的密封情况，进行必要的处理，并根据需要添加或更换填料、润滑油、润滑脂。

②应至少半年检查、调整、更换水泵进出水闸阀与填料1次。

③应定期检修集水池水标尺或液位计及其转换装置。

④备用泵应每月至少进行1次试运转。环境温度低于0℃时，必须放掉泵壳内的存水。

**(3) 调节池**

①连接贮存池的管道应定期清理。

②调节池应每年放空、清理1次，及时排除沉渣及杂物。

③正常运转后，每年排泥1～2次，应经常检查排泥阀，并进行保养。

**(4) 厌氧反应器**

①厌氧反应器的塔体、各种管道及闸阀应每年进行1次检查和维修。

②厌氧反应器的各种加热设备应经常除垢、清通。

③当采用热交换器加热时，管道和闸阀处的密封材料应每年更换。

④当采用螺旋桨等机械搅拌时，轴承应定期检查，添加润滑油，支承架的连接螺栓应经常检查和紧固。

⑤蒸气管道、沼气管道的冷凝水应按设计规定定期排放。

⑥寒冷地区冬季，对溢流管、防爆装置的水封应做好设备和管道保温防冻工作。

⑦厌氧反应器运行3～5年应彻底清理、检修1次。

**(5) 沼气贮气柜**

①定期检查沼气贮气柜、沼气管道及闸阀是否漏气。

②沼气贮气柜外表的油漆或涂料应定期重新涂饰。

③沼气贮气柜的升降设施包括进出气阀应经常检查，添加润滑油（脂）。

④寒冷季节前应检修沼气贮气柜水封的防冻设施。

⑤贮气柜的贮存水每半年必须更换1次。

⑥沼气贮气柜运行3～5年应彻底维修1次，所有气阀，使用寿命到期必须强制更新。

⑦沼气报警装置应每年检修1次。

**(6) 沼气净化设备**

①定期检查沼气净化系统的气密性，每周对旁路阀门和备用脱硫塔的阀门进行开、闭运转。

②定期排除沼气净化设备中的冷凝水。

③根据设备要求定期更换（再生）脱硫剂。

## 161. 沼气工程运行应遵守哪些安全制度?

（1）沼气站内管理人员必须严格按照沼气系统安全运行规程，进行安全生产，重视沼气的危害性和危险性，谨慎管理。

（2）沼气站内管理人员必须严格按照沼气设备产品说明书的规定进行管理及维护，保证沼气设备的正常运行。

（3）沼气站内禁止明火，严禁吸烟。沼气系统区域内严禁铁器工具撞击或电焊、气割操作。

（4）沼气站建立出入检查制度，严禁小孩及闲杂人员进入。严禁带入打火机等危险物品。

（5）预防沼气泄漏是运行安全的根本措施。定期检查沼气管路系统及设备的严密性，如发现泄漏，应迅速停气修复。检修完毕的管路系统或贮存设备，重新使用时必须进行气密性试验，合格后方可使用。沼气主管路上部不应设建筑物或堆放障碍物，不能通行重型卡车。

（6）沼气贮存设备因故障需放空沼气时，应间断释放，严禁将贮存的沼气一次性排入大气。放空时应避开闪电雷雨的天气。另外，放空时尽量架高排气管口，并注意下风向有无明火或热源（如烟囱）。

（7）由于硫化氢和$CO_2$比空气重，须防止在低凹处积聚（如检查井），在站内低凹处作业前，应进行强制通风，确认安全后再作业，以防操作人员中毒窒息。

（8）沼气站内必须配备消火栓、灭火器及消防警示牌，并定期检查消防设施和器材的完好状况，保证其正常使用。

（9）严禁人员在运行的设备间、贮气间、厌氧池周边长时间停留。

（10）严禁单人对正在运行的设备和设施进行维护或维修，必须要两个人或两人以上进行操作，保证有人操作，有人监控。

（11）严禁在厌氧池周边、输气管道上直接试火。

## 162. 沼气工程运行应防范哪些安全隐患？

**（1）防范“漏电”**　大中型沼气工程中电器设备较多，设备长期运行会导致线路绝缘性能降低，甚至线路会受到鼠咬、器械等外力损坏，存在漏电的安全隐患，容易短路发生火灾，因此应当加强电器设备的维护和保养。此外操作中要遵守安全用电操作规程，否则容易造成人员触电伤亡事故。

**（2）防范“漏气”**　由于沼气成分的特殊性，漏气不易被发觉，沼气站内应严禁明火，特别是沼气净化间等相对封闭的场所，空气不流通，一旦发生沼气泄漏，遇明火极易发生火灾甚至爆炸。

**（3）防范沼气“中毒”**　沼气工程的沼气中毒隐患主要存在于沼气池的清理和维修环节，沼气池大清理和维修时，排空沼气池内原料后，特别是一些地下池，池内空气的流动性差，如不采取有效的强制通风措施，操作人员盲目进池操作，极易发生缺氧窒息事故。

**（4）防范“溺水”** 沼气工程中有一些敞口构筑物，如集水池、沉淀池等，行走或操作时应注意安全，防范发生溺水事故。

**（5）防范安全意识淡薄** 加强安全生产管理，落实安全责任制，增强安全防范意识，杜绝违规操作，强化日常安全检查工作。建立健全应急抢险预案，提高预防和处理突发安全事故的能力。

# 参 考 文 献

GB/1334－1999. 1999. 矿渣硅酸盐水泥、火山灰质硅酸盐水泥及粉煤灰硅酸盐水泥 [S]．北京：中国标准出版社．

GB/175－2007. 2007. 通用硅酸盐水泥 [S]．北京：中国标准出版社．

GB/T4750－2002. 2002. 户用沼气池标准图集 [S]．北京：中国标准出版社．

GB/T4751－2002. 2002. 户用沼气池质量检查验收规范 [S]．北京：中国标准出版社．

GB/T4752－2002. 2002. 户用沼气池施工操作规范 [S]．北京：中国标准出版社．

黄海松，袁森，赵丽梅．2010. 贵州省农村小型沼气工程联户供气模式探讨 [J]．中国农机化．2：52－54.

季方兴．1995. 沼液浸种技术 [J]．农村实用工程技术．(9)：26.

季方兴．1984. 沼气沉渣稻田养鱼 [J]．中国沼气．2 (2)：43.

匡静，张恩和，陈秉谱等．2011. 联户沼气工程的经济效益与环境效益评价 [J]．中国农学通报．27 (04)：401－405.

赖健清，杨钦增，傅苑芹．2009. 沼气集中供气技术研究与应用 [J]．安徽农学通报．15 (22)：122－123.

刘兆勇，浦碧雯．2005. 农村沼气池安全使用与综合利用技术 [M]．北京：中国农业出版社．

邱凌．2004. 沼气生产工 [M]．北京：中国农业出版社．

任济星．2009. 农村生物质能技术 [M]．北京：中国农业出版社．

沈朝军，郝振球．1988. 用沼气发酵液作添加剂喂育肥猪的试验 [J]．中国沼气．6 (4)：34－35.

宋洪川．2008. 农村沼气实用技术 [M]．北京：化学工业出版社．

滕传钧，汪国英．2004．沼气及节能综合利用技术［M］．贵阳：贵州科技出版社．

谢祖琪，屈锋，梅自立．2006．农村户用沼气技术图解［M］．北京：中国农业出版社．

熊有辉，彭爱华．2010．村级沼气服务网点中甲烷检测仪的配置及应用［J］．可再生能源．28（2）：152－153．

薛志成．2003．沼气气调贮藏粮果技术及其应用［J］．中国沼气．21（4）：36．

姚桂峰．2007．水稻沼液浸种壮秧增产技术［J］．现代农业．（3）：7．

苑瑞华．2003．沼气生态农业技术［M］．北京：中国农业出版社．

占义清，郑福英．2006．沼肥在西瓜生产中的应用效果［J］．中国沼气．24（1）：50－51．

张无敌，刘士清，侯长定．1995．沼气发酵残留物栽种蘑菇［J］．中国食用菌．15（5）：28－30．

张学胜，张晓康，吴保珊，等．1990．沼肥种西瓜试验［J］．中国沼气．8（3）：37－38．

钟树明．2004．巧管巧用农村沼气池［M］．北京：中国农业出版社．

周建方，王云玲．2008．农村沼气实用技术［M］．郑州：河南科学技术出版社．

周孟津．1999．沼气生产利用技术［M］．北京：中国农业大学出版社．

周政兴．2005．农户沼气100问［M］．南京：江苏科学技术出版社．

朱军平，黄振侠，邹昌谆等．2008．吉安县农村小型沼气工程集中（联户）供气模式［J］．中国沼气．26（1）：34－36．

朱磊，卢剑波．2007．沼气发酵产物的综合利用［J］．农业环境科学学报．S1期：176－180．